微前端之美
从理论到实践
（视频教学版）

王佳琪 编著

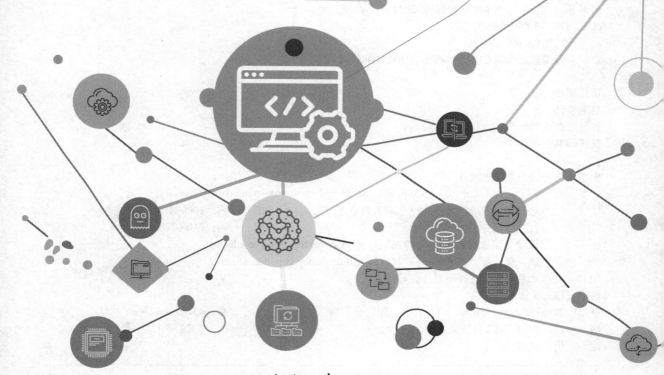

清华大学出版社
北京

内 容 简 介

本书是一本深入浅出、以实战为导向的微前端入门图书，专为渴望在大型项目中灵活运用微前端技术的初中级开发者量身打造。书中结合理论阐述与丰富实例，系统介绍微前端的概念、起源、核心功能及其在现代 Web 开发中的重要性，详细拆解多种实现方案，手把手引导读者从理论到实践的跨越。

书中 80%的内容为实战演练，涵盖从基础概念到高级部署优化的全过程，确保读者在动手操作中扎实掌握微前端的核心技术。特别注重解决微前端实际应用中的痛点，如性能瓶颈、跨框架集成和部署策略，为读者提供了一套全面而实用的解决方案。

本书以清晰的逻辑结构、通俗易懂的语言风格以及丰富的实战案例，为读者探索微前端领域引路。无论你是希望提升现有项目架构效率的开发者，还是对未来技术趋势充满好奇的求知者，本书都能助你快速入门，并在运用微前端技术的道路上越走越远，实现技术的飞跃与突破。

图书在版编目（CIP）数据

微前端之道 ：从理论到实践 ：视频教学版 / 王佳琪编著.-- 北京 ：清华大学出版社，2024. 11.

ISBN 978-7-302-67640-9

Ⅰ. TP392. 092. 2

中国国家版本馆 CIP 数据核字第 20244DM484 号

责任编辑：赵　军
封面设计：王　翔
责任校对：闫秀华
责任印制：丛怀宇

出版发行：清华大学出版社

网　　　址：https://www.tup.com.cn，https://www.wqxuetang.com
地　　　址：北京清华大学学研大厦 A 座　　　　邮　　编：100084
社 总 机：010-83470000　　　　邮　　购：010-62786544
投稿与读者服务：010-62776969，c-service@tup.tsinghua.edu.cn
质 量 反 馈：010-62772015，zhiliang@tup.tsinghua.edu.cn

印 装 者：北京同文印刷有限责任公司
经　　销：全国新华书店
开　　本：185mm×235mm　　　印　张：18　　　字　数：432 千字
版　　次：2024 年 12 月第 1 版　　　印　次：2024 年 12 月第 1 次印刷
定　　价：89.00 元

产品编号：106314-01

前　言

微前端这一术语几乎涵盖了 Web 前端领域的所有技术，从计算机原理、浏览器原理、HTTP 协议，到 Nginx、Docker、Jenkins 等服务器知识，再到 Vue、React、Angular、Webpack、Node 等前端框架和工具。尽管本书并未深入探讨后端语言和数据库知识，但确实覆盖了技术领域的很大一部分。因此，我们无法在书中详尽讲解所有相关领域和内容。

本书的定位是启蒙读物，旨在为那些对微前端感兴趣但不知从何开始的读者提供一个起点。通过阅读本书，你将能够对微前端有初步的了解，并明确自己需要深入学习的内容，从而走出无从下手的困境。

本书的前两章主要关注理论部分。第 1 章介绍前端领域中各技术点的模块化知识，解释了为何需要进行"分"的操作。第 2 章重点讲解微前端相关的理论知识，包括原则、优缺点和适用场景等，帮助开发人员形成对微前端的感性认知。

第 3 章作为过渡章节，介绍实现微前端的具体方案和技术手段，并通过简单的理论结合实践例子，让读者对这些方案有基本的了解。

第 4~8 章专注于实践部分。第 4 章和第 5 章以一个实际故事为主线，介绍实现零侵入微前端方案的路由式和 iframe 式两种方法。这两种方案简单易行，无须对现有项目进行大量改造，核心在于服务器部署和 Nginx 配置。第 6~8 章深入探讨微前端的技术解决方案，包括前端侧组合方案、服务侧组合方案，以及国内主流微前端框架的使用实践。

由于作者水平有限，书中可能存在疏漏之处。如果在阅读过程中发现问题，请随时通过 booksaga@126.com 与我们联系，我们会尽快回复并进行更正。同时，欢迎您提出疑问或想法，以便一起交流和学习。

阅读方式

您可以从任何章节开始阅读本书，这不会影响阅读体验。然而，如果您对微前端的概念、理论和实践还不够清楚，建议按照章节顺序从头开始阅读，以便更好地理解微前端的相关知识。

此外，本书包含数十个实践案例，强烈建议跟随书中的步骤实现这些案例，这有助于加深对微前端技术的理解，提高实际应用能力。

配套资源下载

本书的配套资源包括示例源代码、PPT 课件，读者可以通过微信扫描下面的二维码来获取。如果在学习本书的过程中发现问题或有疑问，请发送邮件至 booksaga@126.com，邮件主题为"微前端之道：从理论到实践"。

源代码

PPT

编　者

2024 年 9 月

目　　录

第1章

架构与前端

本章将深入探讨软件工程领域的架构设计及其基本发展趋势。我们将围绕浏览器、微服务、微前端、领域驱动设计、类与类之间的关系、函数式编程和模块化等核心议题，全面理解架构设计。通过本章的学习，读者将能够认识到架构设计在软件工程中的核心地位，以及随着技术进步和需求演变，架构设计所面临的挑战与机遇。此外，我们还将分析架构设计对软件质量、可维护性和可扩展性的深远影响，并展望架构发展的未来趋势和方向。

1.1　模块化的目的

在前端领域提及模块化时，人们首先联想到的无疑是 ES6 Module。作为 ECMAScript 颁布的标准模块化方案，ES6 Module 因其权威性在前端模块化方案领域占据了举足轻重的地位。那么，为什么模块化对我们来说是必要的？为何在 JavaScript 诞生之初并未设计出模块化方案，而是直到 ES6 标准时才推出了 ES6 Module 呢？带着这些疑问，我们将回顾前端模块化方案的历史演变，并简要探讨其应用场景。

1.1.1　模块化的原始时期

在浏览器早期发展阶段，其功能相对单一，主要集中在"图文展示"。因此，当时的浏览器并不需要复杂的模块化设计。可以说，那时还没有真正意义上的前端和模块化概念，只有基本的脚本语言 JavaScript 和 HTML。仅凭这两者，就能构建出一个功能完善、能够展示图文的浏览器界面。

早期的 HTML 页面并没有 CSS，而 CSS 的出现正是为了解决 HTML 在样式处理上的不足。使用 HTML 同时处理结构和样式既不优雅，也容易导致代码冗余和混乱。因此，能够将结构和样式分离的 CSS（层叠样式表）应运而生，并在前端开发中发挥着至关重要的作用。

稍微跑题了，接着回到模块化的讨论。当我们的页面仅包含简单的图文展示，且规模较小时，可以通过这种方式编写代码：

```
function a(){};
function b(){};
```

即便情况变得极端，我们仍可以使用全局搜索，或者干脆等待页面报错后再逐一纠正命名错误。然而，随着互联网的迅猛发展，项目规模日益庞大，单个页面往往需要引入众多 JavaScript 文件，命名冲突也层出不穷。在这种情况下，显然没有人愿意逐个文件去检查潜在的命名冲突。那么，我们该如何应对呢？

可以用命名空间来解决这个问题：

```
var zaking1 = {
    a:function(){},
    b:function(){}
}
var zaking2 = {
    a:function(){},
    b:function(){}
}
```

然而，这样的做法似乎也不够理想，因为它只是形式上的隔离，而非真正意义上的隔离。随着项目体积不断增大，调用可能会变得冗长，例如：

```
zaking1.zaking2.zaking3.getProduct.xxx.xxx
```

即使设置了命名空间 1 和命名空间 2，它们之间的方法仍能相互调用，导致混乱程度不言而喻。既然简单的隔离措施难以奏效，为何不利用闭包的特性来真正隔离各个命名空间？通过这种方式，我们可以精确控制哪些内容对外可见，从而实现更为清晰有序的结构。

```
var module = (function () {
    var name = "zaking";
    function getName() {
        console.log(name);
    }
    return { getName };
})();
module.getName();
```

至此，我们成功解决了隔离性问题，通过闭包创建了独立的作用域，确保外部只能通过我们提供的接口与模块进行交互。然而，新的挑战随之而来：如果我们想向这个模块传递一些数据或信息，该如何处理呢？由于模块的封闭性，它无法获取外界的任何信息，而这显然不是我们所期望的结果。

```
var module = (function (neighbor) {
   var name = "zaking";
   function getName() {
         console.log(name + "和邻居: " + neighbor);
   }
   return { getName };
})("xiaowang");
module.getName();
```

我们可以通过向函数传递参数的方式来解决向模块传递数据的问题。听起来很熟悉,对吧?
没错,这正是早期版本的 jQuery 外层架构所采用的策略。

```
(function (global, factory) {
   factory(global);
})(typeof window !== "undefined" ? window : this, function (window, noGlobal)
{
   if (typeof noGlobal === "undefined") {
         window.jQuery = window.$ = jQuery;
   }
   return jQuery;
});
```

这种设计构成了早期模块化的高级方案,在 jQuery 中的应用尤为突出,甚至在当今许多项
目中仍被广泛使用。

1.1.2 Node.js 与 CommonJS

随着社会的发展,模块化规则的出现已成为必然。于是,CommonJS 举起了模块化的大旗,
引领 JavaScript 迈向新的发展阶段。CommonJS 的诞生源于社区的努力,最初是由 JavaScript 社
区的 Mozilla 工程师 Kevin Dangoor 在 Google Groups 创建了 SeverJS 小组。该小组的目标是为
Web 服务器、桌面、命令行应用程序以及浏览器构建一个生态系统。鉴于其宏大的愿景和目标,
SeverJS 后来更名为 CommonJS,因为 SeverJS 这个名称看起来与浏览器无关。

同年年底,Node.js 横空出世。此时,JavaScript 的应用范围已突破浏览器的限制,开始在服
务器端展现出强大实力。Node.js 的初衷是基于 CommonJS 社区来实现模块化规范,但它并未完
全照搬 CommonJS 的所有内容,而是进行了创新和发展,去除了其中一些过时且不合时宜的元素,
最终取得了超越前人的成就。

```
// a.js
module.exports = 'zaking'
// b.js
```

```
const a = require("./a");
console.log(a); // zaking
```

在 Node.js 环境中，每个 JS 文件都被视为一个独立的模块。每个模块都有自己的作用域，这意味着在一个 JS 文件中定义的函数和对象都是私有的，无法被其他 JS 文件访问。此外，Node.js 在首次加载某个模块时，会将该模块缓存起来。当再次加载同一模块时，系统会直接从缓存中取出它的 module.exports 属性并返回，从而避免了重复加载。例如：

```
// a.js
var name = "zaking";
exports.name = name;

// b.js
var a = require("./a.js");
console.log(a.name); // zaking
a.name = "xiaoba";
var b = require("./a.js");
console.log(b.name); // xiaoba
```

这里第二次打印的 b.name 显示为更改后的 name，这正是前面提到的缓存机制。当模块第一次被引入时，Node.js 会执行模块内的代码并缓存结果。在后续引入中，Node.js 不会重新执行模块代码，而是直接返回之前缓存的 module.exports 对象。

在前面的示例代码中，虽然没有直接使用 module.exports，但使用了 exports。为了简化模块的使用，Node.js 为每个模块创建了一个私有变量 exports，它指向 module.exports。

需要注意的是，exports 是模块内部的私有变量，仅仅是对 module.exports 的引用。因此，直接修改 exports 的值并不会影响 module.exports，也就是说，这样的操作是无效的。

```
exports = "aaa"
```

这样的操作只是让 exports 不再指向 module.exports，但不会改变 module.exports 的内容。

此外，还需要了解一个关键点：当我们导入一个模块时，实际上获得的是导出值的副本。这意味着，一旦模块内部的值被导出，后续对该值的任何更改都不会影响已导出的副本。

```
// a.js
var name = "zaking";
function changeName() {
    name = "xiaowang";
}
exports.name = name;
exports.changeName = changeName;

// b.js
var a = require("./a.js");
```

```
console.log(a.name); // zaking
a.changeName();
console.log(a.name); // zaking
```

1.1.3 AMD 与 CMD 争奇斗艳

AMD 和 CMD 是前端历史上两种颇具影响力的模块化方案，它们从不同的角度出发，为浏览器端的模块化做出了杰出的贡献。可以说，它们共同书写了前端模块化历史中不可磨灭的一页。

1. AMD 规范

AMD（Asynchronous Module Definition，异步模块化定义）的主要目标是解决浏览器端缺乏模块化方案的问题，从而鼓励开发者在浏览器页面中采用模块化开发方式。

需要强调的是，AMD 是一种模块化方案，而非具体的实现。RequireJS 正是这一方案的具体实现者。RequireJS 的视野并不局限于浏览器环境，而是希望能够在任何使用 JavaScript 语言的宿主环境中应用这一模块化方案。

```
<!DOCTYPE html>
<html lang="en">
    <head>
            <meta charset="UTF-8" />
            <meta http-equiv="X-UA-Compatible" content="IE=edge" />
            <meta name="viewport" content="width=device-width,
initial-scale=1.0" />
            <title>AMD DEMO 01</title>
    </head>
    <script
src="https://requirejs.org/docs/release/2.3.6/comments/require.js"></script>
    <body></body>
    <script>
            require(["./a"]);
    </script>
</html>
```

其中，a.js 文件是这样的：

```
define(function () {
    function fun1() {
            alert("it works");
    }
    fun1();
});
```

这个机制简单易懂：define 用于声明一个模块，require 用于导入一个模块。在使用 require

导入模块时，还可以传入一个回调函数作为参数，以便在所有模块都导入后执行：

```
require(["./a"], function () {
    alert("load finished");
});
```

最后，我们来看一个稍微复杂一点的例子：

```
// index.html
<script>
    require(["./a", "./b"], function (a, b) {
        a.fun1();
    });
</script>

// a.js
define(function () {
    function fun1() {
            alert("it works fun1");
    }
    return {
            fun1: fun1,
    };
});
// b.js
define(function () {
    function fun2() {
            alert("it works fun2");
    }
    return {
            fun2: fun2,
    };
});
```

打开页面后，可以看到如图 1-1 所示的结果。

图 1-1　AMD 使用示例效果

可以看到，这里只执行了 fun1。我们审查一下元素，如图 1-2 所示。

```html
<!DOCTYPE html>
<html lang="en">
··· ▼ <head> == $0
    <meta charset="UTF-8">
    <meta http-equiv="X-UA-Compatible" content="IE=edge">
    <meta name="viewport" content="width=device-width, initi
    al-scale=1.0">
    <title>AMD Demo 02</title>
    <script src="https://requirejs.org/docs/release/2.3.6/co
    mments/require.js"></script>
    <script type="text/javascript" charset="utf-8" async
    data-requirecontext="_" data-requiremodule="a" src="./a.
    js"></script>
    <script type="text/javascript" charset="utf-8" async
    data-requirecontext="_" data-requiremodule="b" src="./b.
    js"></script>
  </head>
▼ <body>
    <script> require(["./a", "./b"], function (a, b) {
    a.fun1(); }); </script>
  </body>
</html>
```

图 1-2　AMD 模块化示例审查元素

虽然我们仅使用了 a.js 中的内容,但 RequireJS 并不关心你是否使用,它会直接将所有内容都导入进来。

2. CMD 规范

与 AMD 规范的 RequireJS 相比,使用体验似乎不太理想。有时,它会导入一些我们并未使用的模块,让人感觉有些冗余。此外,RequireJS 的野心很大,希望成为所有使用 JavaScript 环境的模块化方案,但这种贪心的策略往往导致在实际应用中难以满足所有需求。

在这样的背景下,基于 CMD(Common Module Definition,通用模块化定义)规范的 SeaJS 应运而生。与 RequireJS 不同,SeaJS 专注于为浏览器端提供模块化解决方案。

它的大致用法如下:

```html
<!DOCTYPE html>
<html lang="en">
    <head>
            <meta charset="UTF-8" />
            <meta name="viewport" content="width=device-width,
initial-scale=1.0" />
            <title>CMD SeaJs Demo</title>
            <script src="./sea.js"></script>
    </head>
    <body></body>
    <script>
            seajs.use("./b")
    </script>
```

```
</html>
```

然后 JS 文件是这样的：

```
// a.js
define(function (require, exports, module) {
    var name = "morrain";
    var age = 18;
    exports.name = name;
    exports.getAge = () => age;
});

// b.js
define(function (require, exports, module) {
    var a = require("a.js");
    console.log(a.name); // 'morrain'
    console.log(a.getAge()); //18
});
```

从示例代码中可以看到，SeaJS 通过 define 函数封装整个模块，并在模块内部通过 require 和 exports 参数作为模块导入和导出的接口。这种设计使得 SeaJS 在使用上的负担接近于 CommonJS。因此，开发者可以像在 Node.js 中使用 CommonJS 一样，无须花费太多时间学习，就能轻松地将 SeaJS 的基本用法应用于浏览器环境。这也是 SeaJS 的设计初衷。

1.1.4　ES6 Module 一统天下

在前面的内容中，我们详细探讨了 3 种由社区提供的模块化方案，它们在前端模块化历史进程中都扮演了至关重要的角色，可以说是一个群雄逐鹿的时代。

然而，正如了解中国历史的人所知，当群雄纷争、格局混乱时，往往也预示着统一的曙光即将到来。在这样的背景下，ECMAScript 在语言层面提出了模块化的规范，即 ES6 Module。

ES6 Module 的问世标志着前端模块化方案的混乱时代即将结束，统一的时代即将来临，同时 Node.js 也在不断加强对它的支持。可以预见，在未来，ES6 Module 将成为前端领域唯一的模块化方案。因此，读者一定要加强对 ES6 Module 的学习，这将是进入前端领域必备的技能。

1.2　面向对象到底面向什么

相信读者对面向对象的概念并不陌生，无论是职业生涯还是学习过程中都会有所涉及。面向对象理念的重要性在于，它在模块化、可重用性、可读性以及可扩展性等方面都有卓越的贡献。正是这些贡献，使得软件开发变得更加高效和可靠。

1.2.1　面向对象的基本概念

面向对象编程（Object-Oriented Programming，OOP）是一种编程范式。与之相关的还有面向对象编程语言（Object-Oriented Programming Language，OOPL）、面向对象设计（Object-Oriented Design，OOD）以及面向对象分析（Object-Oriented Analysis，OOA）。通常，我们所说的面向对象，主要是指面向对象编程。实际上，面向对象涵盖分析、设计和编程三个核心阶段。

提到面向对象编程，首先想到的就是它的四大特性：封装、抽象、继承和多态。尽管你可能不完全理解它们，但这些特性已经成为面向对象编程的代名词。然而，本小节并不打算过多地探讨什么是面向对象编程、什么是面向对象编程语言，以及如何编写高质量的面向对象代码。

相反，笔者想和读者深入探讨的是：面向对象到底是在面向什么。

首先，给出这个问题的答案：面向对象实际上是在解决分类问题，或者说，是在解决领域划分的问题。很多时候，我们可以将领域驱动设计（Domain-Driven Design，DDD）和面向对象编程放在一起讨论和分析。当然，这两者并非完全相同。领域驱动设计主要关注的是业务领域的划分，以及如何按照业务规则来拆分核心领域等；而面向对象编程则是在计算机软件领域指导如何划分代码逻辑，使其独立且具体。这样既保证了"对象"与"对象"之间的独立性，又维护了它们之间的关联性。

1.2.2　类与类之间的关系

在面向对象编程中，仅有类是不够的。类就像生产线上的孤立机器，如果缺乏连接这些机器的传送带，就无法实现产品在不同机器之间的传递与再加工。因此，当我们讨论面向对象时，需要深入思考如何设计类与类之间的关系。这既包括对单个类的设计和实现的关注，也包括对类之间调用和关联实现的重视。

幸运的是，现阶段存在许多成熟的设计模式，它们为我们设定了基本的关系框架。我们只需按照这些模式的规定来实现，便能确保类之间的关系得到妥善处理。这些设计模式犹如巨人的肩膀，使我们能够看得更远。下面以观察者模式为例，帮助读者更深入地理解类与类之间的关系。

```
// 主题（Subject）类
class Subject {m
    constructor() {
        this.observers = []; // 观察者列表
    }
    // 注册观察者
    addObserver(observer) {
        this.observers.push(observer);
    }
    // 取消注册观察者
    removeObserver(observer) {
```

```
            this.observers = this.observers.filter((obs) => obs !== observer);
        }
        // 通知观察者
        notify(data) {
            this.observers.forEach((observer) => {
                observer.update(data);
            });
        }
    }

    // 观察者（Observer）类
    class Observer {
        constructor(name) {
            this.name = name;
        }
        // 观察者的更新方法
        update(data) {
            console.log(`${this.name} 收到通知：${data}`);、
        }
    }

    // 创建主题实例
    const subject = new Subject();
    // 创建观察者实例
    const observer1 = new Observer("Observer 1");
    const observer2 = new Observer("Observer 2");
    // 注册观察者
    subject.addObserver(observer1);
    subject.addObserver(observer2);
    // 发送通知
    subject.notify("Hello, observers!");

    // 输出
    // Observer 1 收到通知：Hello, observers!
    // Observer 2 收到通知：Hello, observers!
```

  这段代码展示了观察者模式的基本实现。首先，定义了一个 Subject 主题类，它的主要职责是收集观察者列表，并提供注册、删除以及通知观察者实例的方法。Observer 类作为观察者，主要任务是接收主题发布的消息。

  在面向对象编程中，类之间的关系主要划分为两种：继承和组合。子类通过继承父类，可以扩展或修改从父类继承来的方法或属性，这有助于实现代码的可重用性和可扩展性。而组合是指一个类可以包含另一个类的对象作为其成员变量。通过组合，一个类可以利用其他类的功能，而不必继承其所有特性。这种关系也被称为 has-a 关系，表示一个对象"拥有"另一个对象。

1.3　理解函数式编程

函数式编程（Functional Programming，FP）是一种编程范式，它在现代前端领域的重要性已经超过了面向对象编程。

函数式编程以函数的使用为核心，是一种软件开发风格。在这种范式中，函数与函数的组合成为核心。通过将一系列具有特定输入输出的函数进行组合，可以得到最终的结果。

1.3.1　函数式的内涵

函数式编程具有以下三个特征：

- 保持纯函数，拒绝副作用。
- 函数是"一等函数"。
- 不可变值。

这三个特征是函数式编程的核心内容，所有关于函数式编程的讨论基本上都是围绕这三个特征展开的。

1. 纯函数与副作用

我们可以通过以下两个特征来辨别一个函数是否为纯函数：

- 对于相同的输入，总是会得到相同的输出。
- 在执行过程中，没有产生副作用。

通过上述两点，我们可以更深入地理解纯函数的概念。纯函数是指在函数执行过程中，我们期望它仅根据输入的主键来安全准确地执行逻辑，在得到结果后输出，并且不会对函数的内部或外部产生任何预料之外的影响。举个小例子：

```
var b = 20;
function add(a) {
    return a + b;
}
console.log(add(1)); // 21
b = 30;
console.log(add(1)); // 31
```

在上述代码中，函数外部的变量 b 被用作 add 函数计算的一部分。这意味着 b 的值会直接影响 add 函数的输出结果。因此，即使参数 a 的值保持不变，由于 b 值的变化，add 函数的输出结果也可能不同。

2. 一等函数

在 JavaScript 中，函数被视为"一等函数（First-class Function）"。这个概念在初次接触时可能让人感到困惑，不过一旦理解，其实质是非常直观的。所谓"一等函数"，是指函数在该语言中可以像变量一样使用。

那么，"像变量一样使用"具体指的是什么呢？简而言之，函数可以作为其他函数的参数、函数的返回值，或被赋值给一个变量。满足这三个条件的函数，就被认为是该语言中的"一等函数"。

```javascript
function a() {
    return 1;
}
function b() {
    return 2;
}
var variA = a;
var variB = b;
function add(a, b) {
    return a() + b();
}
console.log(add(a, b));
console.log(add(variA, variB));

function test() {
    return function () {
            console.log("yahaha");
    };
}
const t = test();
t();
// test()();
```

上述代码很好理解，两个打印的 add 函数实际上都传入了一个函数作为参数。只是在第二个例子中，我们将这个函数赋值给了一个变量。test 函数内部返回了一个函数，当我们执行常量 t 时，实际上就是在执行 test 函数内部返回的那个函数。

3. 不可变值

如果要基于 JavaScript 这门语言来聊聊不可变值，就不得不聊聊 JavaScript 的数据类型。想必读者对以下数据类型早已耳熟能详：String、Number、Boolean、Null、undefined、Symbol、Object，以及新增加的 BigInt，但这些不影响我们接下来的讨论。

这些数据类型可以分为值类型和引用类型，其中值类型往往是不可变的，而引用类型则可以改变。为什么会这样呢？因为值类型是按值访问的，而引用类型是按引用地址访问的。

我们来看一个值类型的小例子：

```
var a = 1;
var b = a;
console.log(a === b); // true
b = 2;
console.log(a, b, a === b); // 1,2,false
```

可以看到，a 和 b 是独立的、互不影响。再来看一个引用类型的例子：

```
var nameA = {
    name: "zaking",
};
var nameB = nameA;
nameB.name = "another zaking";
console.log(nameA === nameB); // true
```

你会发现，无论怎样更改 .name 的值，对象 nameA 和 nameB 的 name 属性值都会同步更新。这是因为当你将 nameA 赋值给 nameB 时，实际上是将 nameA 的引用地址赋值给了 nameB，而不是创建一个全新的对象拷贝。因此，nameA 和 nameB 实际上指向的是同一个对象。

像值类型这样的数据，我们称之为不可变数据或不可变值。而像对象这样的数据，由于其值是通过引用地址访问的，我们称之为可变数据。

在函数式编程中，可变数据可能会引发许多难以预料的副作用。举个简单的例子，假设有两个函数同时修改同一个对象。如果后执行的函数在执行时错误地假设自己所依赖的数据是第一个函数修改之前的数据（即原始对象数据），就可能引发一些看似隐蔽的错误。

因此，在函数式编程中，不可变数据扮演着至关重要的角色。当然，我们可以通过某些方法使引用的数据变得不可变，例如深拷贝等，但这里就不再赘述了。

1.3.2　组合与管道

组合（Compose）是函数式编程中的核心概念，甚至在面向对象编程领域，也兴起了一场"组合优于继承"的运动。

那么，为什么我们更倾向于使用组合而不是继承呢？原因在于继承可能会引发一系列复杂的问题。过度依赖继承会导致代码结构变得复杂且脆弱。特别是当继承层次过深，以至于不得不继承一些子类并不需要的方法或属性时，代码就会变得难以维护和控制。

而组合所拥有的一些特性可以在一定程度上避免这些问题：

（1）灵活性：组合为类之间的关系带来了更高的灵活性。由于组合不会造成紧密的耦合，一个类可以通过包含另一个类的实例作为其成员变量，使得类之间的关系更加松散。这样一来，类之间的依赖变得更容易调整，同时也便于替换或修改这些实例，增强了代码的可维护性和可扩展性。

（2）可维护性：继承往往会导致类之间产生深层次的依赖关系，这种依赖关系会使得代码变得更加复杂，难以理解和维护。相比之下，使用组合可以有效地减少这种依赖性，从而使得代码结构更加清晰、灵活，更易于维护和修改。

（3）多样性：组合使得类的行为更容易组合和重用。通过组合，可以将不同的类组合在一起，创造出具有新行为的新类，而无须继承整个类层次结构。这种灵活性使得我们能够更加高效地构建和维护复杂的系统。

在现代 JavaScript 开发中，诸如 Vue、React 等杰出的框架纷纷倡导函数式编程的理念。它们将 props 视为函数的参数，并将组件本身视作一个函数。最终，这个组件函数会返回一个模板，作为视图渲染的结果呈现。

在深入组合之前，我们需要先熟悉管道的概念，因为它是实现组合的基础。

在函数式编程中，管道（pipe）是一种将多个函数组合在一起，使一个函数的输出成为下一个函数的输入的方法。它允许你通过将数据从一个函数传递到另一个函数来创建数据处理流程。管道的概念源于 Unix 系统中的管道操作符"|"，它允许你将一个命令的输出作为另一个命令的输入。

换句话说，我们可以想象"水"流过"水管"的过程。如果水管足够长，就需要一节一节的水管首尾相连，既保证整个管道的密封性，又拓展了整个水管的长度，允许水流从一节一节的水管中流过，并在管道的最末尾流出。我们可以把一节一节的水管理解成函数，水就是数据（即传给函数的参数），而最后从水管中流出的水就是函数的返回值。

现在，让我们通过一个简单的管道代码示例来理解它：

```javascript
// 使用 rest 参数来获取传给 pipe 的参数
function pipe(...funcs) {
    function callback(input, func) {
        return func(input);
    }
    return function (param) {
        return funcs.reduce(callback, param);
    };
}
function add2(x) {
    return x + 2;
}
function add8(x) {
    return x + 8;
}
function muti7(x) {
    return x * 7;
}
const f = pipe(add2, add8, muti7);
```

```
console.log(f(2)); // 84
```

核心的 pipe 函数虽然只有 8 行代码，但在函数式编程领域却蕴含着极其深刻的意义。它不仅是你踏入函数式编程世界的起点，更是理解其精髓的关键所在。现在，我们暂且不深入探究 pipe 函数的内部实现，先来看看它的实际应用场景。

pipe 函数能够接收任意数量的函数作为参数，并返回一个新的函数。这个新函数会接收一个参数，作为内部计算的起始值。深入了解 pipe 函数，我们会发现其核心实际上是基于数组的 reduce 方法。关于 reduce 的使用，这里不再赘述；如果读者对此还不太熟悉，建议查阅 MDN 文档以获取更详尽的解答。

回到正题，通过 pipe 函数返回的函数，我们可以观察到传入的参数被用作 reduce 的初始值，即 reduce 的第二个参数。这里的关键点在于 reduce 的第一个参数——一个回调函数。这个回调函数实际上接收两个参数（尽管这种表述可能不够准确，但并不影响理解）：一个是经过前一个回调函数计算后返回的值，另一个表示当前执行到了 funcs 数组的哪一个元素。在回调函数的内部，我们直接将上一次执行的结果作为当前函数的入参，这样就形成了一个类似流水线的处理过程。

值得一提的是，实现 pipe 函数并不一定要依赖于 reduce。我们还可以使用循环、递归等其他方法来实现相同的功能，思路是相通的。读者可以尝试自行实现一下。

至于 compose 函数的实现，一旦理解了 pipe 的原理，其实非常简单。只需将 reduce 替换为 reduceRight 即可，也就是实现一个倒序的 pipe。

1.4　领域驱动设计

从理论层面来看，领域驱动设计是一种以业务领域为核心，旨在指导服务端架构设计方向的理念。它强调软件代码的结构和语言书写应与业务领域的习惯用法保持一致。领域驱动设计的基础是明确其所基于的业务场景、业务脉络以及上下文环境。简而言之，核心问题在于确定我们要基于哪种业务背景来进行架构设计，进而根据不同业务需求来划分领域内容。

1.4.1　什么是领域

在领域驱动设计的框架下，对领域的识别与划分显得尤为关键。那么，如何辨识并界定不同的领域呢？首先，我们需要明确什么是领域。

简而言之，领域可以被理解为在特定场景下，根据一定的规则或逻辑划分出的独立实体范畴。举个简单的例子，在"人类"这一范畴内，如果我们依据"性别"作为分类逻辑，那么可以将其划分为"男性"和"女性"两个领域；而若按照年龄段来划分，则可以分为婴儿期、儿童期、青少年期、成年期和老年期等不同的领域。由此可见，即便是在同一大背景下，依据不同的分类逻辑或规则（如性别或年龄），我们也能得出截然不同的领域划分。

在软件设计层面，领域的划分与辨识尤为重要，因为它决定了我们将采用何种逻辑来进行系统的拆解。不同的划分逻辑可能会导致截然不同的实现路径，即便它们处于相同的背景之下。因此，关键在于我们如何定义并选择恰当的分类逻辑。

1.4.2 核心领域与领域逻辑

其实在领域驱动设计的背景下，核心领域指的是我们根据某种逻辑划分出来的领域中最为重要的几种，即业务模型中最核心、最关键的部分。而领域逻辑则是指在特定的领域中所涉及的规则、约束和逻辑等。

当然，领域内部的逻辑关系固然重要，但笔者个人基于这本书的背景，想与读者探讨的领域逻辑，主要是指领域间逻辑，也就是关联各个领域之间关系的逻辑。

1. 核心领域

核心领域是业务的精髓所在，涵盖其核心概念、关键流程以及价值创造的全过程。这一领域无疑是业务聚焦的重心，必须深入洞察、精准建模和高效实施。

若要辨识某一特定背景下的核心领域，需要遵循以下准则：

（1）业务关键性：核心领域往往是业务中最为关键、不可或缺的部分，其成败直接关乎整体业务的成功与核心竞争力的构建。故而，首要任务是识别出那些对达成业务目标具有决定性意义的要素。

（2）价值创造过程：核心领域通常涵盖业务中的价值创造流程，也就是那些至关重要的价值生成与关键作业流程。通过对业务价值链及核心流程的剖析，我们能够定位核心领域所涵盖的具体环节。

（3）业务复杂性：核心领域往往涉及业务中的高复杂度与高度专业化部分。这些区域可能包含业务独有的概念、规则与流程，唯有深入探究并精准建模，才能把握其精髓。

（4）关键业务概念：识别业务中的关键概念与实体，它们往往是核心领域的重要组成部分。通过对业务中重要概念与实体的深入分析，我们能够锁定核心领域所涉及的具体内容。

（5）业务战略方向：洞悉业务的战略走向与核心目标，有助于我们判定核心领域之所在。核心领域通常与业务的战略方向紧密相连，是实现业务战略目标的关键环节。

2. 领域间关系

领域间关系，简单理解就是领域与领域之间如何关联，互相交互及传递信息。当我们在处理领域间关系时，需要注意以下几点。

（1）上下文边界的划分：领域驱动设计中强调将业务划分为不同的上下文（Bounded Context），每个上下文都有清晰的边界和明确的业务责任。在处理领域间的关系时，首先需要明确定义各个上下文之间的边界，以及它们之间的关系和交互方式。

（2）共享内核和防腐层：对于不同领域之间存在交互和依赖的情况，可以考虑使用共享内核或防腐层来处理这些关系。共享内核是指在多个上下文之间共享一部分核心代码和数据模型，而防腐层用于在不同上下文之间进行数据转换和适配，以避免相互污染。

（3）上下文映射：在处理领域间的关系时，可以使用上下文映射来明确不同上下文之间的关系和协作方式。上下文映射有助于识别各个上下文之间的合作模式，包括合作协议、公开的接口和共享的模型等。

（4）共享内核和通用语言：在处理领域间的关系时，需要确保不同上下文之间有一致的通用语言和共享的模型。这有助于减少沟通成本和理解误差，同时也能够促进不同领域之间的协作和交互。

（5）事件驱动架构：采用事件驱动架构可以帮助处理领域间的关系，通过事件机制实现不同领域之间的解耦和异步通信。事件驱动架构可以有效地处理跨领域交互和数据流动。

1.4.3　小结

本节简要探讨了领域驱动设计的基本概念。然而，我们的主旨并非深入剖析领域驱动设计的每一个细节，而是让读者明白什么是"领域"，以及领域之间的关系为何至关重要。这一基础认识将为我们接下来深入理解更复杂的内容奠定坚实的基础。

1.5　微服务简介

微服务架构作为一种独特的软件架构风格，其核心理念在于将应用程序拆解为一组规模较小、可独立部署的服务单元，每一服务均专注于单一的业务功能。这些服务借助轻量级的通信机制进行信息交换，并且能够采用多样化的编程语言和数据存储方案。微服务架构的设计初衷在于提升系统的灵活性、扩展性与可维护性，同时减轻开发与部署过程中的复杂性。

微服务架构无疑是一种强大且极具灵活性的软件架构模式，它赋予组织构建更为灵活、可扩展且易于维护系统的能力。尽管如此，微服务架构并非完美无缺，它伴随着一系列新的挑战与复杂性。这就要求开发团队必须拥有相应的技术底蕴与实践经验来妥善应对。只有深入洞察微服务架构的特性、优势及其所面临的挑战，开发人员才能更为有效地运用微服务架构，从而打造出现代化的软件系统。

1.5.1　微服务的特点及其优势

微服务架构的根本宗旨在于应对项目体积庞大所引发的一系列难题。为此，我们采取微服务策略对项目进行拆分，将原本单一的大型应用程序拆解为众多小型、独立的服务单元。每一服务均聚焦于特定的业务功能，这样的细分不仅简化了开发、测试与部署的流程，还显著提升了系统的灵活性与可维护性。此外，将项目拆分为微服务还能增强团队的灵活性，不同的团队可以独立负责并部署各自的微服务，从而减少协调成本和对其他团队的依赖。这种模块化的设计理念不仅让系统更易于扩展与更新，还大幅降低了单点故障的可能性。

微服务相比于传统的单体项目，具有以下特点及优势。

- 独立性、灵活性、可维护性、可扩展性：微服务架构使得系统更加灵活，每个微服务都是独立部署和维护的，它们之间可以完全独立运行，可以根据需求对特定的服务进行修改、重构或替换，而不会对整个系统产生影响。这种灵活性也使得系统更加容易维护和扩展。
- 松耦合：微服务之间通过明确定义的接口进行通信，这种松耦合的设计使得系统更加灵活和可维护。
- 可伸缩性：每个微服务都是独立部署和运行的，因此可以根据需求对特定服务进行水平扩展，而不会对整个系统产生影响。这使得系统能够更好地应对高负载和大流量的情况。
- 技术多样性：微服务架构允许使用不同的编程语言和技术栈来构建不同的服务，从而使得开发团队能够选择最适合其需求的工具和技术。

1.5.2　微服务带来的挑战

当然，微服务架构几乎可以说是复杂大型项目背景下的必然选择（如果你的团队需要的话），但同时它也给技术和业务人员带来了一定的挑战和问题。例如：

- 复杂性管理：微服务架构通常涉及多个独立部署的服务，这增加了系统的复杂性，包括服务发现、负载均衡、故障处理等方面的管理。
- 分布式系统的挑战：微服务架构是一种分布式系统，因此需要处理网络延迟、数据一致性、事务管理等问题。
- 服务间通信：微服务之间需要通过网络进行通信，这可能导致性能和可靠性方面的问题。同时，需要考虑如何处理跨服务的事务和数据一致性。
- 部署和运维：由于微服务是独立部署和运行的，因此需要有效的部署和运维策略，包括监控、日志管理、版本控制等方面的考虑。
- 数据管理：微服务架构中的数据管理可能变得复杂，需要考虑如何处理跨服务的数据一致性、数据隔离和数据安全性等问题。
- 团队沟通与协作：微服务架构可能需要多个团队协同工作，需要良好的沟通和协作机制，以确保各个微服务之间的协同开发和集成。
- 安全性：由于微服务架构涉及多个独立的服务，因此需要考虑如何确保整个系统的安全性，包括身份验证、授权、数据加密等方面的问题。

面对上述问题与挑战，选择微服务架构并非轻率之举，而是需要经过深思熟虑的决策过程。为了有效应对这些挑战，我们必须从架构设计、开发实践到运维策略等多个维度进行全面考量。更为关键的是，我们需要持续地优化与改进这些方面，以确保系统能够不断适应日益增长的需求。

1.6　微前端并非万能钥匙

谈到微前端，其实微前端并不是一个全新的概念，它最早出现在 2016 年年底的 ThoughtWorks 技术雷达上。想必大家都清楚，微前端是由微服务的概念扩展到前端领域而形成的。

微前端的价值在于，随着用户需求的增长、硬件的提升以及移动设备的普及等因素，单体应用的体量越来越大，这迫使我们考虑如何拆分单体应用。这一需要从而催生了微前端架构的诞生。

在 1.5 节中，我们已经对微服务架构有所讨论。毫不夸张地说，微服务的种种优缺点与特性，几乎都可以在微前端中找到影子，此处便不再赘述。

微前端是在前端领域受到微服务启发，为了解决大型项目带来的开发复杂性、部署困难、沟通不畅等问题而诞生的。然而，需要明确的是，微前端并非万能。事实上，没有任何一种技术架构或方案是万能的；它们只有在特定的领域和背景下才能发挥最大的效果。

举个例子，如果一个网站只有三五十个页面，那么使用微前端架构是否有必要呢？

1.7　浏览器架构发展史

不知道大家是否遇到过这样的面试题："浏览器是单进程还是多进程的？"在讨论这个问题之前，我们首先需要了解：什么是进程？什么是线程？这是理解浏览器架构所必需的基础知识。

1.7.1　进程与线程的基本概念

简而言之，进程就是软件或程序运行时的实例。举例来说，当你启动浏览器、QQ 音乐或腾讯视频等应用软件时，系统会为它们各自创建一个进程，以便管理和执行软件程序的各项操作。进程不仅负责数据处理和运算逻辑的执行，还构成了一个运行环境，确保软件程序的顺畅运行。

而线程作为进程的组成部分，无法独立存在。线程的启动与管理完全依赖于进程。在一个进程中，可以并发运行多个线程，这种多线程并发机制旨在提高计算速度和程序执行效率。

接下来，我们进一步了解线程与进程之间的关系。

- 进程中可以运行多个线程，但任意一个线程出错都会导致整个进程崩溃。
- 进程中的线程可以共享进程中的数据。
- 进程间的内容是相互隔离的，但可以通过 IPC 机制进行通信。
- 进程关闭后，操作系统会回收进程所占用的内存。

综上所述，这些是对进程与线程的基本概念及其关系的概述。这一理论知识为我们深入了解浏览器架构奠定了坚实的基础，使我们能够更加深入地探索和理解浏览器的内部工作机制。

1.7.2　早期单进程浏览器

早期的浏览器只有一个进程（见图 1-3），所有的功能模块都在这个进程中运行。那么，一个浏览器都有哪些功能模块呢？

- 页面线程。
- 插件线程。
- 网络线程。

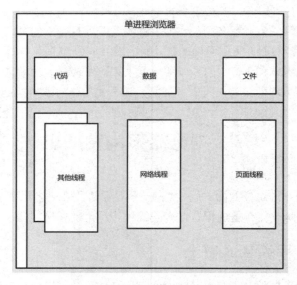

图 1-3　早期单进程浏览器架构图

早期的浏览器基本上包含以上三个核心功能模块，它们一起运行在一个进程中，应用自己的线程来进行执行代码和进行逻辑运算。然而，这样的架构会导致许多问题，例如：

- 稳定性差：由于插件是可以随意安装，一旦某个第三方插件崩溃，整个浏览器可能无法继续运行。
- 不流畅：所有功能都运行在一个进程中，当某个线程的模块正在执行时，可能会导致其他模块出现明显的卡顿。例如，当你打开百度浏览新闻，同时又尝试打开腾讯视频观看电视剧时，如果百度页面未能及时加载，它可能会持续影响腾讯视频页面的打开。这种情况确实令人感到不便。
- 不安全：主要的安全隐患通常与插件有关。插件可以用 C 语言编写，这使得它们能够访问计算机上的所有资源。更有甚者，通过浏览器的漏洞，插件可能获得系统权限。这种情况显然是我们不愿意看到的。

1.7.3　早期多进程浏览器

基于单进程浏览器带来的种种问题，2008 年 Google 发布了多进程浏览器的架构设计，如图 1-4 所示。

从图 1-4 可以看到，早期的多进程架构拆分出了多个插件进程、多个渲染进程以及一个主进程。各个进程之间可以通过 IPC 进行通信（如果需要的话）。

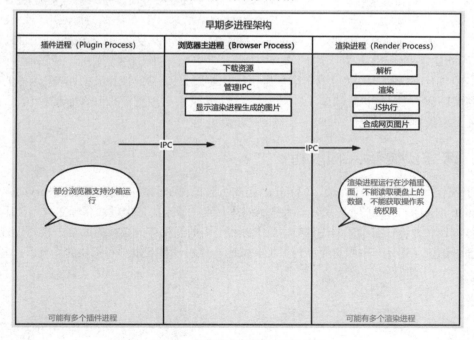

图 1-4　早期多进程浏览器架构图

通过这种设计，有效地隔离了插件和页面渲染等组件在未分割时可能带来的负面影响。即使出现问题，也仅限于各自进程的沙箱内，不会影响其他进程。主进程通过进程间通信（Inter-Process Communication，IPC）机制来协调插件进程和渲染进程的创建与销毁。

1.7.4　现代多进程浏览器

现在的多进程浏览器在早期的基础上，更细粒度地分离了功能进程，如图 1-5 所示。

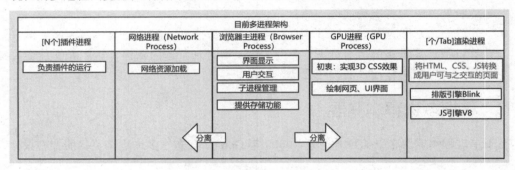

图 1-5　现代多进程浏览器架构图

从图 1-5 可以看到，现代浏览器的多进程架构是从主进程中分离出了网络进程和 GPU 进程，当涉及网络请求和接收（不仅包括 HTTP 协议的网络请求，还有许多其他应用层协议，例如 WebSocket 等）时，可以通过网络进程来执行调度逻辑；而当涉及复杂的动画渲染和页面绘制时，则会启动 GPU 进程。

进一步细化系统架构虽然可以在原有基础上提高安全性、稳定性和流畅性，但这样的架构往往会变得臃肿和庞大。这也意味着，这种浏览器架构可能会占用更多的系统资源，具有较高的耦合性，并且可扩展性较差。

1.7.5　未来浏览器架构浅析

基于现代浏览器的一些弊端，Chrome 官方团队提出了面向服务的架构（Service-Oriented Architecture，SOA），如图 1-6 所示。大致的意思是说，原来的各个模块将独立成一个服务，每个服务可以独立地运行在不同的进程中，这些进程之间的互相访问必须通过 IPC 接口进行。基于这样的理念，旨在设计一个具有更高内聚性、低耦合性以及易于维护和扩展的系统。

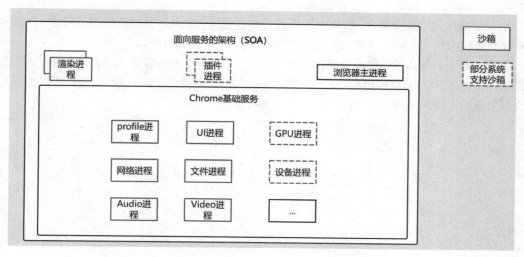

图 1-6　SOA 浏览器架构图

这种架构虽然具有优势，但无疑会消耗较多的资源。因此，在资源受限的设备上，通常会采取降级策略，将多个服务合并到一个进程中，以实现优雅的降级处理。

1.8　本章小结

本章即将结束，笔者想向大家提出一个问题：本章究竟讲述了哪些内容？

最初，我们回顾了前端模块化的发展历程，从 IIFE 到 CommonJS，再到 AMD 与 CMD，直至 ES6 Module 的出现，这标志着 JavaScript 终于拥有了属于自己的模块化机制。

接着，我们探讨了面向对象编程的高级概念，并通过发布-订阅模式简洁明了地阐述了类与类之间的复杂关系。在面向对象编程之后，我们又介绍了函数式编程，其核心在于函数与函数之间的组合。

然后，我们概述了领域驱动设计、微服务和微前端等宏观架构设计理念。

最后，我们简要介绍了浏览器架构的演变历程，从最初的单进程架构发展到现在的多进程架构，以及未来可能采用的面向服务的架构。

你可能会好奇，这些知识体系与微前端，乃至整个架构之间有何内在联系？实际上，无论是微前端、微服务还是领域驱动设计，它们都不是孤立存在的。它们本质上都是在探讨如何在不同集合、不同领域之间进行划分与关联。

当某个"集合"变得庞大时，就需要根据一定的逻辑进行拆分，并在拆分后保持集合间的紧密联系。这正是架构的艺术所在。

　　集合可以视为数据的集合，而集合之间的关系则是用来关联这些数据的逻辑纽带。从技术领域和代码实现的角度来看，架构本质上是数据结构与算法的巧妙结合。

　　甚至可以更夸张地说，笔者曾经读过一本小说，里面有一个技能名为"万法全通"。按照这个思路，我们是否可以这样理解：世间万物，无论是从数据结构还是算法的角度来看，都不过是集合与关系的不同表现形式。

第2章

微前端概览

本章将深入讨论"微前端"这一主题。首先，我们将从直观的角度出发，帮助读者建立对微前端的基本认知。接着，我们会逐步讲解实现微前端所需遵循的基本原则与核心要点。在此基础上，还将客观分析微前端的优缺点，并探讨其在不同场景中的适用性。通过这一系列内容，我们希望揭开微前端概念的神秘面纱，帮助读者深入理解其理论基础与实践价值。

本质上，微前端并非全新概念，而是微服务架构理念在前端领域的具体应用与延伸。微前端秉持的原则和关键要点与微服务架构高度相似性。关于这些内容，我们将在后文详细阐述。

2.1　浅谈对微前端的认识

在互联网早期，前端这一概念尚未成形。当时的前端仅涵盖 HTML，通过 Java 提供的模板语言与后端服务紧密结合，共同托管在服务器上。静态页面在那个时代已能满足需求，因此那是一个属于静态页面的时代。

随着互联网技术的飞速发展，用户对网页的期望早已超越了简单的文字阅读。他们追求更具吸引人的界面和图文并茂的展示效果。同时，随着移动端性能的提升，用户对"前端"的需求也变得更加多样化。

现代 Web 前端已远不止是简单的图文展示，而是成为新的应用载体——Web 应用。这种转变的驱动因素源于 Web 的高效性、快速响应能力，以及与原生应用相媲美的展示效果和交互体验。

在这种背景下，Web 前端项目的规模不断膨胀，技术要求也不再局限于单纯的文字展示。前端技术逐渐从互联网初期的框架中独立出来，推动了前后端分离的架构模式，使前端在软件开发领域为自己赢得了一席之地。

随着互联网的迅猛发展，Web 开发各方面的要求也在不断提升。开发者寻求更优雅的方式来构建前端应用，因此技术社区中涌现出各种前端框架，单页面应用（Single-Page Application，SPA）也逐渐成为主流。

借助现代 Web 技术所赋予的能力，如今无须安装任何客户端应用，只需通过浏览器输入网址，即可实现原本在 Windows、Android、iOS 等系统上才能完成的功能。这极大地提升了用户的便捷性和体验。

然而，前端项目也变得臃肿和庞大。经过多年的发展，一个项目可能包含十几个甚至几十个业务模块，导致开发、上线和代码合并的过程变得异常烦琐，业务代码之间缺乏清晰的分隔，CSS样式冲突常常导致发布后的界面出现错乱。

总之，当事物变得过于庞大，就需要对其进行拆分和整理。在这种背景下，"微前端"概念应运而生。它源于微服务架构理念，指导我们如何在前端领域进行项目拆分、开发、部署和持续集成等工作。

2.2　微前端（微服务）原则

微前端原则需要基于微服务的概念进行探讨。然而，微服务原则是否完全适用于微前端，在《微服务设计》[1]一书中，作者总结了微服务的相关原则，如图 2-1 所示。

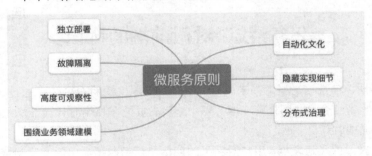

图 2-1　微服务原则脑图

2.2.1　独立部署

独立部署的意义在于降低发布时的容错率。对于传统的单体应用而言，即便是一次小小的代码改动，都可能导致整个系统崩溃。在前端领域，独立部署意味着各个团队不再互相依赖，每个前端团队可以完全掌控自己领域内的项目。在其负责的项目范围内，团队可以自主安排开发和发布计划，而无须关注上下游的依赖。

[1] 该书已由人民邮电出版社出版，书号为 978-7-115-42026-8。——编辑注

2.2.2　故障隔离

故障隔离意味着"微"项目的错误不会影响父项目或兄弟项目，它可以在自身内部处理错误。例如，因网络问题导致的页面不存在或子系统代码运行时错误等。

2.2.3　高度可观察性

在服务器领域，可观察性指的是拥有完善、灵活的监控和日志系统。类比到微前端领域，高度可观察性意味着能否准确定位和响应微前端中各个子系统及其关联关系中的错误。在微前端中，监控至关重要，通过使用现成工具可以快速发现并解决问题。

2.2.4　围绕业务领域建模

围绕业务领域建模是指根据领域驱动设计的思路，通过业务视角的划分来拆分系统。微前端的拆分通常不是单一维度的。也就是说，微前端设计要结合软件系统架构，涉及产品、UI、服务器设计、业务设计，甚至交互设计和测试等多个方面，需要与上下游部门协同，统筹规划微前端的拆分方案。

当然，如果将所有背景因素都纳入规划，最终的微前端方案可能会非常复杂。笔者认为，在大多数情况下，按照业务领域划分，并结合后端微服务架构的拆分方案，足以合理设计微前端的子系统。

2.2.5　自动化文化

自动意味着减少了人工手动处理可能带来的意外错误。乌龙指问题并非夸张，频繁的手动发布和部署，尤其是在依赖复杂的微前端系统中，会显著增加出错的风险。对于如此庞大的项目，一次发布错误可能导致大量用户流失，这无论从哪个角度看，都是我们不希望看到的结果。

因此，在微前端环境下，自动化部署和持续集成成为必然的发展趋势。自动化部署可以让项目以可靠、快速、安全的方式持续推进。

2.2.6　隐藏实现细节

在整个系统架构中，拆分出来的子系统并不意味着完全独立。在大多数情况下，这些子系统可能需要进行父子通信，甚至兄弟通信。

在第 1 章中，我们讨论了编程和模块化的目的，其中最为核心的部分是函数的输入与输出。通过函数的入参作为输入内容，并通过函数的返回值暴露必要的接口，从而达到隐藏函数内部逻辑细节的目的。

在微前端通信时，我们也需要类似的思路，让团队专注于自身的实现细节，而不干扰其他团队的工作。每个团队无须依赖外部，可以根据自己的节奏安排开发计划，创建更高效的集成。

2.2.7 分布式治理

分布式是指多个系统协同合作来完成特定任务。在微前端领域，分布式意味着我们可以把一个庞大且复杂的项目拆分为各个独立的子系统，按照业务领域划分子项目，最终通过协同组合，形成一个与原系统功能无异的完整项目。

2.3 微前端的优缺点

微前端并非万能。这句话听起来很熟悉，无论是任何技术架构还是技术方案，都有其特殊的使用场景，没有一个思想适用于所有场景，也没有任何工具能解决所有问题。我们选择某个方案的目的是解决特定问题。因此，微前端并不是"银弹"，任何技术方案都谈不上"银弹"，它们都有各自的优缺点。我们要做的是在适用场景下发挥技术方案的优势，并尽可能规避其带来的问题。

2.3.1 微前端的优点

微前端的优点显而易见，下面简单罗列微前端的优点，以进一步加深对微前端理论的认识。

- 独立开发与部署：微前端架构允许不同团队独立开发和部署各自的功能模块。这意味着团队可以根据自己的节奏和需求进行开发和发布，而无须等待其他团队的进度。这种灵活性有助于加快产品迭代速度，更好地满足快速变化的市场需求。
- 技术栈灵活：微前端架构支持不同的微前端模块使用不同的技术栈。团队可以选择最适合其需求和技术能力的技术栈，而无须受到整体应用程序技术选型的限制。这种灵活性有助于提高团队的生产力，并更好地应对不同领域和业务场景的需求。
- 可扩展性：微前端架构支持应用程序的逐步增量升级，无须对整个应用进行重构。这意味着可以根据业务需求逐步引入新的功能模块或更新现有模块，从而降低系统迭代的风险和成本。这种可扩展性有助于保持系统的健壮性和持续竞争力。
- 团队自治：各个微前端团队可以自主决定其开发和部署策略。团队根据自身情况更好地进行资源调配和进度安排，而无须受到其他团队的影响。这种自治性有助于提高团队成员的工作满意度，并能激发团队的创造力和创新精神。
- 代码复用：通过共享通用组件和模块，微前端可以实现更高水平的代码复用。团队可以更好地利用现有的资源和技术积累，从而降低开发成本和风险。这种代码复用性有助于提高系统的稳定性和可维护性，同时也有助于提高团队的生产力和协作效率。

2.3.2　微前端的弊端以及挑战

微前端架构为传统大型应用的开发带来了显著的变革。它不仅促进了项目的模块化，使各个部分能够独立开发和部署，还显著提升了整体项目的灵活性和可扩展性。然而，正如任何创新技术一样，微前端的实施也伴随着一系列的挑战和问题。我们在享受其带来便利的同时，也需要认真应对这些问题，以确保项目的健康、持续发展。

- 复杂性：微前端架构引入了一定的复杂性，包括模块间的通信、共享状态管理等方面的挑战。
- 性能影响：微前端应用可能会导致额外的加载时间和性能开销，特别是当模块之间存在大量通信时。
- 一致性挑战：确保各个微前端模块之间的一致性和统一风格可能会带来一定的挑战。
- 安全性：微前端应用需要考虑跨域通信和安全隔离等问题，以确保整体安全性。
- 冗余：多个团队并行构建和维护各自的应用，可能导致在解决类似问题时重复劳动，同样功能的代码可能会用不同的模板语言实现很多遍。

微前端架构为应用程序开发中的众多挑战提供了有效的解决方案。通过促进模块化和独立部署，它增强了项目的灵活性和可维护性。然而，与所有技术方案一样，微前端架构在提供便利的同时，也带来了一系列特有的问题和考量。重要的是认识到，微前端架构并非万能钥匙，它并不适用于所有场景。2.4 节将深入探讨微前端架构的适用性，分析其优势和局限性，并讨论在何种情况下采用微前端架构能够发挥它的最大效用。

2.4　微前端的适用场景

在前面的讨论中，我们反复强调了一个关键点：微前端并非万能的解决方案。这表明，尽管微前端在某些领域具有显著优势，但它并不是所有场景下的最优选择。微前端的真正价值在于为特定的应用场景带来显著效益。

微前端架构适用于两种情况：首先，它适用于对现有的巨石型项目进行解耦；其次，适用于大型项目的初期设计阶段。在这两种场景下，微前端能够发挥它的最大潜力，提供模块化和灵活性，从而推动项目的整体发展。

接下来，我们将详细探讨微前端架构的具体适用场景。通过分析这些场景，我们可以更好地理解微前端的优势，以及在何种情况下它能够成为推动项目前进的关键驱动力。这不仅有助于更明智地选择技术方案，还能确保我们的决策最大限度地提升项目的效率和效果。接下来让我们揭开微前端架构在不同应用场景中的神秘面纱。

2.4.1 大型企业应用程序

在大型企业级应用程序的开发中，团队成员可能多达数十甚至数百人，不同团队各自负责不同的功能模块。微前端技术在此扮演着关键角色，帮助团队实现自治和模块化开发。每个团队都能专注于自己负责的项目，而无须过多关注甚至干扰其他团队的事务。这种专注不仅提高了开发效率，还增强了团队的独立性和创新能力。

2.4.2 复杂的前端应用程序

复杂的前端应用程序通常包含多个功能模块、复杂的业务逻辑、丰富的交互和界面元素，且需要多团队协作开发。它们可能需要处理庞大的数据量、复杂的用户交互和状态管理，同时还面对性能、安全性和可维护性等多重挑战。

相较而言，大型前端应用程序通常指代码量庞大、功能繁多、用户基数巨大、包含多个模块和页面的应用程序。这类应用程序不仅需要应对复杂的业务逻辑和多样化的用户需求，还需在不断迭代和扩展的过程中保持其稳定性和可维护性。

因此，复杂前端应用程序通常指功能和业务逻辑上的高度复杂性，需要满足多样化需求的应用程序。而大型前端应用程序则更多地关注于应用规模和代码量的庞大。这两者虽有交集，但复杂性侧重于应用的功能和逻辑深度，而大型性则侧重于应用的规模和代码的广度。

针对这类复杂的前端应用程序，微前端架构提供了一种有效的解决方案。它能够帮助我们管理和维护不同部分的代码，从而降低项目整体的复杂性，使开发和维护工作更加高效、有序。

2.4.3 多团队协作

在企业项目中，当业务场景繁多且需要多团队协同工作时，微前端架构便显得尤为重要。从项目启动到最终上线，整个过程通常涉及多个阶段和部门的紧密合作。

在项目筹备初期，项目经理负责搜集项目信息，统筹人力资源和时间节点。随着项目筹备工作的完成和需求的明确，产品团队开始进行原型设计。原型设计完成后，UI 团队加入，负责绘制用户界面设计图。接下来，后端和前端开发团队开始他们的开发工作。开发阶段结束后，项目进入测试阶段，由测试团队主导。测试通过后，项目上线，后续维护由运维团队负责。项目上线后，运营团队开始收集用户反馈数据。

在微前端架构的支持下，各部门不再是孤立，而是每个业务领域都可以拥有从设计到开发的全链条角色，形成自给自足的团队。在这种模式下，团队可以专注于各自的专业领域，减少不必要的耦合。每个团队都能在自己擅长的领域内发挥自身的潜力和优势，实现高效协作和创新。

2.4.4 技术栈混合

在讨论技术栈混合的适用性时，确实需要考虑项目规模和团队能力。对于大多数中小型项目，甚至一些大中型项目，盲目追求技术栈的多样性可能并不是最佳选择。在公司规模和团队能力受限的情况下，混合技术栈可能会增加团队的认知负担，降低沟通效率。

然而，在某些特定情况下，技术栈的多样性却能发挥其独特价值。例如，当面对规模庞大的项目，团队成员遍布全球，人数可能达到数百甚至上千人时，技术栈的统一反而可能成为制约项目发展的瓶颈。在这种情况下，统一技术栈可能会限制项目的某些方面，影响团队的灵活性和创新能力。

微前端架构在这类大规模项目中通过支持技术栈的多样性，能够在一定程度上实现团队、项目和目标的"统一"。它允许不同团队根据自身需求和优势选择合适的技术栈，同时保持项目的协调和一致性。这种灵活性和包容性正是微前端架构在处理大规模、跨地域团队项目时的独特优势。

因此，是否采用技术栈混合，应根据项目的具体需求和团队的实际情况来决定。在适当的场景下，技术栈的多样性可以成为推动项目发展的重要力量。

2.4.5 增量升级

增量升级与渐进式有相似之处，都是在某个层面上逐步增强系统。微前端能够帮助我们整合老旧项目，并在此基础上运用现代技术手段逐步"增强"整个项目。

对于需要逐步增量升级的应用程序，微前端同样可以实现部分功能的迭代升级，而无须对整个应用程序进行重构。

2.5 微前端实现要点

无论我们是在学习某一门技术、应用某一个框架，还是在玩一个 RPG 游戏，往往都有两件事情需要特别关注：主线与要点。

以《塞尔达传说：荒野之息》这款游戏为例，该游戏有很多主线任务，林克的最终目标是打倒灾厄盖侬，拯救塞尔达公主。而除主线任务外，还有许多其他游玩内容，如神庙挑战、支线任务、地图探索等。

学习 Vue 3 也是如此。首先，需要了解 Vue 3 的生命周期，包括 Vue 3 运行时的关键步骤和核心环节。之后，可以进一步学习它的一些关键 API。

换句话说，"点"与"线"共同组成了完整的事物面貌。通过"点"与"线"的连接，形成了我们的知识体系，也就是"面"。

2.5.1 微前端拆分思路

笔者初次涉足微前端领域时，一系列专业术语立刻吸引了笔者的注意：iframe 方案、路由式微前端、微件化、微应用化、NPM 方案、动态 Script 方案、Module Federation 等。这些术语如同微前端世界的关键词，每一个都代表了实现微前端的具体技术手段。

面对这些技术点，笔者最初的困惑是：这些技术点虽然具体，但它们能否构成一个完整的技术方案？能否作为理论层面的指导呢？带着这些疑问，笔者开始深入探索微前端的本质。笔者认为，这些技术点更像是实现微前端的实现手段，而非深层次的理论指导。

直到后来，笔者接触到了"横向拆分"与"纵向拆分"这两个概念。

1. 横向拆分

我们先来看横向拆分，如图 2-2 所示。

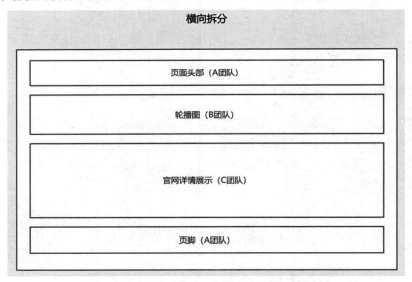

图 2-2　微前端横向拆分图示

从图 2-2 中可以看到，整个页面由三部分构成：页头页脚、轮播图和官网详情展示，这是一个常见的官网页面布局。但这些部分是由三个团队独立开发，并最终将输出结果组装在一个页面上。这种方法提供了很大的灵活性，让我们在不同的视图中复用微前端提供了可能。

在笔者的理解中，横向拆分更倾向于模块化，尤其适用于面向消费者（To Consumer，ToC）的项目。试想一下，像腾讯视频、爱奇艺等视频播放网站，它们的核心功能，如视频播放和视频展示，通常具备完善的功能、丰富的内容以及多页面复用的特性。这些特性使它们非常适合通过横向拆分来优化微前端架构。

事实上，横向拆分的概念在第 1 章中已经提及，即模块化。我们可以将一个或多个核心功能视为一个模块，这样它们就可以灵活地应用到网站的各个部分。

横向拆分特别注重业务功能的复用性和网站的搜索引擎优化（Search Engine Optimization，SEO），因为对于 ToC 项目，SEO 是一个必然的需求。由于需要组合多个模块、优化 SEO，同时明确团队职责的划分，横向拆分在技术实现和团队协作方面，无疑面临更加严峻的挑战。

2. 纵向拆分

接下来看纵向拆分，如图 2-3 所示。

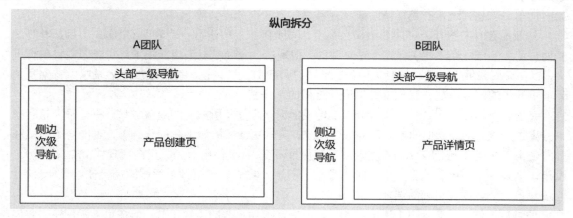

图 2-3　微前端纵向拆分图示

图 2-3 展示了两个页面，它们各自承担着不同的业务职责。一个是产品详情页，另一个是产品创建页。尽管业务功能不同，但它们的头部导航和侧边导航部分是共用的。这种由一个团队负责整个页面设计和开发的方式，被称为纵向拆分。在这种情境下，如何合理地拆分业务？可以借助领域驱动设计作为指导思想。

如果你经常开发单页面应用，纵向拆分比横向拆分更容易理解和实施。

还记得这句话吗？"前端在一定程度上是天然解耦的。"这是什么意思呢？通常在开发任务分配时，我们不会让一个人编写搜索框，另一人编写列表，然后再将它们组合在一起。相反，我们会让一个人负责整个页面的开发，另一个人负责其他页面的开发。这样，在项目合并时，各部分不会互相干扰或依赖。这种场景和拆分方式更适合面向企业的后台管理系统和 SaaS 类项目。

这类项目的业务领域通常明确、范围清晰，但业务逻辑和场景复杂多变。通过纵向拆分，可以聚合对某一领域有深刻理解的开发和产品团队，专注于单一领域，从而为整个项目的迭代和发展带来更大优势。

2.5.2　界限上下文

关于界限上下文，以及如何区分核心子域、支持性子域、通用子域等概念，笔者不想在此过多讨论，因为本书并非专注于领域驱动设计。如果读者对此感兴趣，可以自行学习。笔者更想探讨的是界限上下文在微前端领域扮演的角色及其作用。

界限上下文，按照笔者的理解，实际上是指我们应如何逻辑地拆分微前端。例如，我们可以基于业务范畴进行拆分。在一个典型的 SaaS 系统中，可以拆分成应收应付、订单创建、产品、仓储等子系统。而在面向消费者的网购软件或视频网站上，则可以基于复用性或功能性进行拆分，如购物车、产品列表、产品详情，或者视频播放器、视频详情等。

然而，有时某些理论可能并不那么实用。举个例子，假设有一个老旧的 SaaS 项目，其目录结构与业务领域完全不相关，完全是平铺的。但现在，领导希望采用新技术，将老旧项目整合进来，以便开发新业务，实现项目上的统一。还记得我们之前讨论的微前端应用场景吗？特别是关于增量升级的部分，现在我们就着手进行这样的工作。

那么，我们该怎么做呢？在拆分老旧的系统时，区分其所归属的业务领域，将耗费大量时间来分离子系统。本来老旧的项目已经非常稳定，无须更改。但如果我们这么做，可能会给测试和开发带来许多问题。因此，我们希望老旧系统保持不变，直接使用 Nginx 反向代理或 iframe 即可。没错，这是一个不错的选择，但同时也带来了问题：我们是否遵循了领域驱动设计？显然没有，但这却是一个必要且正确的选择。

通过这个例子，笔者想告诉读者的是，理论是指导实践的重要工具，但在很多情况下，我们并不一定要严格遵循理论。

2.5.3　组合

组合的概念实际上指的是我们如何拼凑和加载微前端界面。例如，我们熟知的 Qiankun、Wujie 等微前端框架都属于客户端组合的范畴。除客户端组合外，还有服务器端组合和边缘计算组合。

我们先来了解这样一个流程：当我们在浏览器中看到界面时，在此之前都发生了什么。简单来说，就是从服务器获取界面所需的资源，比如 HTML、JavaScript（.js）、CSS 等文件，然后浏览器解析并渲染这些资源，最终呈现出界面。为了更快地获取这些资源，在客户端和服务器之间，通常会有一个内容分发网络（Content Delivery Network，CDN）来存储前端的静态资源，从而加快资源的获取速度。

那么，我们再来理解一下关于组合的三种方式。

- 客户端组合：实际上，这一过程是通过 JavaScript 在客户端运行时动态加载微前端及其相关功能来实现的，从而确保所有操作均在客户端完成。
- 边缘侧组合：我们会在 CDN 层对视图进行组合，通过一种叫作 ESI 的类似于 XML

的标记语言来达成这一目的。

- 服务器组合：类似于 SSR，在服务器运行时或编译时进行组合，拼凑微前端，从而生成最终的视图结果，并将完整的 HTML 返回给前端。这种做法的最大优点是提升客户端的体验，以及提供良好的 SEO 效果。

2.5.4　路由

在现代单页面应用如此普及的情况下，读者对于客户端路由想必并不陌生。在大多数情况下，我们选择的微前端组合方式会对应于相应的微前端路由方式。当然，这种情况并非绝对。例如，当我们选择服务器组合时，如果服务器承受的压力过大，可以把路由分发的任务交给 CDN 处理，也就是边缘侧路由。

这里稍微强调一下，CDN 路由或 CDN 组合属于边缘侧的一种方案，但边缘侧并不仅限于CDN。边缘计算是一种分布式计算范例，它将计算资源和数据存储在接近最终用户的位置，以便提供更低的延迟和更高的性能。换句话说，为了增强客户端或减轻服务器压力的一些中间或额外的基础设备所提供的增强能力，都可以算作边缘侧。

无论使用哪种方法，在实际操作中，并不局限于单一的选择。也就是说，我们既可以在客户端进行组件的组合，也可以在服务器端进行部分组合。同时，可以实现客户端路由，针对某些特定路径直接从服务器端请求数据，或者通过内容分发网络获取数据。这种灵活性使得我们能够根据项目的具体需求和特点选择最合适的实现方式。

2.5.5　通信

从微前端的定义来看，理论上我们不需要子系统之间的通信，因为微前端的本质是独立自治，它不应与其他子系统产生任何理论上的通信和关系。然而，笔者也多次强调，理论并不总是实用，我们不必拘泥于理论。

尽管微前端的定义强调独立性，但在大多数实际场景中，微前端之间的通信是非常必要的。例如，共享登录状态、传递子系统间信息等。

如果你处于同域环境中，可以利用 Web Storage 的 SessionStorage、LocalStorage 或 Cookie来共享登录状态。即使在跨域的情况下，我们也可以使用 postMessage 进行通信。

但是，假设你面对的是一个非自主开发的项目，也就是说，你想要接入别人的跨域项目，且无法获取源码或进行私有部署，那么是否还需要通信呢？

让我们开一个小小的脑洞。除上述方案外，我们还可以利用现成的框架，如 Wujie、Qiankun等，来实现开箱即用的通信手段。

当然，除此之外，我们也可以自己实现一个简易的 EventBus 来进行数据共享。另一种常用的选择是通过 URL 的查询参数（query）进行通信。这种方案简单实用，技术难度不高。然而，如果你想要在微前端中实现一个通用的 URL 传递参数的方法，还需要深思熟虑。

最后，我们进行总结，在微前端中进行通信的可的方案包括：

- WebStorage
- Cookie
- PostMessage
- EventBus
- 自定义事件（即发布订阅模式）
- URL
- 其他（比如 window.name 等）
- 状态工具（如 Vuex、Redux 等）

2.5.6　隔离

隔离这个话题并非随着微前端概念的出现而诞生，它一直存在，并且一直困扰着开发者们。我们都希望拥有一个干净、不受干扰的环境来发挥我们的技术才能。然而，JavaScript 变量可能会被后来的代码覆盖，CSS 选择器的使用可能无意中降低了其他样式的优先级，这样的问题确实令人头疼。

于是，JavaScript 的模块化方案从 IIFE 发展到规范化的 ES Module，CSS 在某些特定领域也拥有了自己的作用域。那么，在微前端的范畴下，如何应对 JavaScript 和 CSS 的隔离问题呢？

在原生的背景下，我们通常基于 iframe 或者 Web Components 作为微前端实践的选项，从根本上实现 JavaScript 和 CSS 的隔离，以解决因选型所带来的某些副作用。这种方案正是 Wujie 微前端框架的隔离解决方案。

当然，除原生方案外，我们还可以使用如 BEM 等命名空间的 CSS 命名方式来隔离 CSS，或者通过 Shadow DOM 来原生隔离 C8SS 和 HTML。

关于 JavaScript 的隔离，方案其实有很多，比如 Webpack Module Federation、各种微前端框架等，但它们实现的核心仍然离不开基本的原理。以 JavaScript 为例，在运行时环境中，要实现隔离，无非就是模块化或者 IIFE 等基本的 JavaScript 隔离方案。

2.6　本章小结

本章的核心内容涉及微前端相关的一些基本概念。首先，深入探讨了对微前端的感性理解，然后逐步介绍了微前端的基本原则。接着，详细阐述了微前端的优缺点及其适用场景，以帮助读者全面理解这一概念。

在 2.5 节中，重点讨论了微前端的核心实现要点，这不仅为第 3 章的内容奠定了基础，也为读者提供了进一步探索的线索。

第 3 章将深入探讨微前端的具体实现方案。通过这些讨论，我们希望能够帮助读者更深入地理解微前端的实现，并为实际应用提供实用的指导和帮助。

理论固然重要，但我们不能完全依赖理论。实践虽然受到理论的指导，但在很多情况下，实践也会超越理论的范畴。我们需要在理论和实践之间找到平衡，以确保我们的技术解决方案既科学又实用。

第3章

微前端方案概览

在开始学习微前端时，第一个接触到的概念就是微前端的架构模式，内容大概是这样的："从应用间关系的角度，分为基座模式和自组织模式"。基座模式很好理解，就是"总分"的概念，由一个父级应用来统筹其他子级应用，通过各种技术方案切换子项目等。然而，自组织模式笔者觉得不太容易理解。

自组织模式的含义大致是指：应用间是平等的，不存在谁管理谁的问题。换句话说，每个应用都可以管理其他应用，这确实令人困扰。那么，自组织模式究竟是如何运作的呢？如果所有应用都是平级的，那么子应用应该放置在哪里呢？如果没有一个中心载体，它们又该如何显示呢？

带着这样的疑问，我们来学习本章的内容。

3.1 微前端方案到底有哪些

从本质上讲，微前端是一种技术架构的理念。通过前两章对微前端优缺点的探讨，以及拆分方案的解析，我们对微前端有了更为具体而深入的了解。我们已经掌握了微前端的优势与不足、适用的环境以及实施的关键点。然而，这些理论知识虽然重要，但更多地扮演着指导实践的角色。在实际操作中，我们更需要具体的实施方案或操作手册来引导我们前行。

本章将借鉴市场上现有的微前端解决方案，通过构建一些简单的实例，深入探索理论与实践之间的交汇点，从而更直观地理解它们是如何相互作用的。

目前，微前端的实现方案大体有以下几种：

- Router（路由式）
- Iframe（前端容器化）
- Web Component（应用组件化）
- 微服务化
- 微件化（组件式）
- 微应用化（组合式）

前三种方案相对容易理解，它们是基于某种 Web 核心能力的支持来实现微前端方案的。通过这些核心能力，再结合一些技术手段，我们就能够获得不错的微前端体验。然而，后三种方案并没有明确指出要使用哪些技术作为实践的核心能力，它们更像是对某种"能力"的描述，既模糊又不具体，这需要我们花费一些时间来了解它们之间的区别。

在对某个知识点不够了解且没有明确的切入点时，可以尝试从它的名称入手。

微服务化听起来似乎与服务器密切相关，其核心确实与后端的微服务紧密相连。关键在于实现"完全的独立性"，即从开发到部署，再到构建和运行，每个服务都是完全独立的，与其他应用没有直接联系。最终，通过"模块化"的方式将这些独立服务组合成一个完整的应用集合。微服务化的最终目标是提高整个系统的可维护性和扩展性，同时减少开发团队之间的耦合。要牢记的关键点是"独立"和"降低耦合"。通过这种方式，每个团队可以专注于自己的服务，而不必过多担心其他服务的影响，从而提高开发效率和系统的灵活性。

微件化的核心在于微件（widget）。微件指的是一段可以直接嵌入应用中运行的代码，它由开发人员预先编译好，在加载时不需要再做任何修改或编译。换句话说，微件是一段已经完备的、随时可以拿来使用的代码，这段代码可以以任何形式存在，目的是"拿来即用"。

微应用化则是指将业务或需求拆分成一个个独立的应用，在构建时可以组合成一个完整的业务应用。由于需要在页面上组合代码，这些微应用需要依赖于相同的框架环境，无法混合使用多个框架。

至此，相信你可能会有更多困惑。困惑于这里只讲了理论，而没有提及具体的实践方法；困惑于不同方案之间的关系，只说明了它们是什么，而没有解释为什么；或者困惑于理论太多，不知道哪些是有用的，哪些是无用的。

不过没关系，有问题是好事，我们需要带着这些问题继续学习。

3.2 路由式微前端

毫不夸张地说，路由式微前端方案可以被认为是所有微前端方案中最简单、最容易实现的一种。然而，从本质上来看，路由式微前端并不完全符合微前端方案的定义。它更像是由多个独立项目拼凑而成的集合体，而不是通过精心组合各个部件形成的统一整体。

当然，从广义的角度来看，路由式微前端确实可以被视为一种微前端架构。设想这样一个场景：你的公司有许多最初由外包或第三方团队开发的内部系统。现在，公司决定建立自己的技术团队，并希望将这些分散的项目整合到一个统一的平台。在这种情况下，路由式微前端无疑是最直接、最简便，也是最易于实践微前端理念的解决方案。

正因如此，路由式微前端特别适合整合那些老旧的系统，让它们在外观上呈现出一个统一的整体，同时保持各自的独立性。在此基础上，我们还可以逐步引入最新的项目，享受新技术栈带来的创新乐趣，而不必面对庞大笨重的旧系统而感到无从下手。

路由式微前端在实现上不需要依赖过多复杂的技巧，其核心理念主要是借助 HTTP 服务器的反向代理功能来完成，这正是我们所熟悉的 Nginx 所擅长的。至于不同项目间的用户登录状态，可以通过 Cookie 进行共享。

现在，我们已经熟悉了路由式微前端的应用场景及其特性，接下来，让我们动手实现一个路由式微前端的小型示例。

在搭建一个基础的路由式微前端项目时，我们可以从一个简单的起点出发：在同一个文件夹内创建两个基本的 HTML 页面。每个页面实际上代表了一个使用脚手架工具生成的单页面应用。这种做法旨在阐明微前端架构的核心思想和功能。鉴于我们的目的是创建一个精简版的微前端范例，我们将重点放在展示其核心逻辑上。项目目录结构如图 3-1 所示。

图 3-1　路由式微前端示例项目的目录结构

index.js 的内容实际上是通过 express 创建一个简单的文件读取和服务器输出页面，核心代码如下：

```
let fs = require("fs");
let path = require("path");
const express = require("express");
const app = express();
const port = 4000;
app.get("/index1", (req, res) => {
    let sourceCode = fs.readFileSync(
        path.resolve(__dirname, "index1.html"),
```

```
        "utf8"
    );
        res.send(sourceCode);
});
app.get("/index2", (req, res) => {
    let sourceCode = fs.readFileSync(
        path.resolve(__dirname, "index2.html"),
        "utf8"
    );
    res.send(sourceCode);
});
app.listen(port);
```

至此，我们的核心内容基本上已经完成。通过 Node.js 启动 index.js 文件，我们就可以在浏览器中通过网址 http://localhost:4000/index1 和 http://localhost:4000/index2 来访问页面，如图 3-2 所示。

图 3-2　本地 Node 服务静态页面的示例

然而，我们所访问的 localhost 仅仅是一个本地 IP 地址的别名，并非真实的域名。为了让示例更加贴近实际，我们希望本地服务器能够通过一个"真实"的域名来访问。那么，我们应该如何实现这一目标呢？

首先，需要修改一下自己计算机的 hosts 文件，把本地的 IP 映射成想要的域名。笔者在本次示例中所修改的 hosts 内容如图 3-3 所示。

```
private > etc > 🐟 hosts > ⓘ # when the system is booting. Do not change this entry. > ⓘ ##
  1  ##
  2  # Host Database
  3  #
  4  # localhost is used to configure the loopback interface
  5  # when the system is booting.  Do not change this entry.
  6  ##
  7  127.0.0.1 localhost
  8  255.255.255.255 broadcasthost
  9  ::1             localhost
 10
 11  127.0.0.1 www.zakingwong.com
```

图 3-3　本地 hosts 文件的修改内容

这里的意图是将本地的 IP 地址 127.0.0.1 映射到自定义的域名 www.zakingwong.com。但仅仅这样设置还不够，我们还需要安装 Nginx 作为反向代理服务器，以便将这个域名指向你在本地运行的服务。

Nginx 的安装需要 HomeBrew，在 Mac 计算机上可以这样安装 HomeBrew 和 Nginx：

```
# 安装 HomeBrew
/bin/bash -c "$(curl -fsSL
https://raw.githubusercontent.com/Homebrew/install/HEAD/install.sh)"
# 通过 HomeBrew 来安装 Nginx
brew install nginx
```

安装 Nginx 之后，我们就可以通过修改 Nginx 的配置文件（也就是 ngixn.conf）来配置映射逻辑：

```
server {
    listen 80;
    server_name www.zakingwong.com;

    location / {
            proxy_pass http://localhost:4000;
             proxy_set_header Host $host;
            proxy_set_header X-Real-IP $remote_addr;
            proxy_set_header X-Forwarded-For $proxy_add_x_forwarded_for;
            proxy_set_header X-Forwarded-Proto $scheme;
    }
}
```

然后，启动 Nginx：

```
# 启动 Nginx，需要输入本机密码
sudo nginx
# 重启 Nginx
sudo nginx -s reload
# 检查 Nginx 配置文件语法是否有问题
sudo nginx -t
# 查看 Nginx 进程是否正在运行
ps aux | grep nginx
# 停止所有运行中的 Nginx 进程
sudo nginx -s stop
# 强制停止 Nginx 进程
sudo pkill nginx
```

完成这些操作后，就可以在浏览器中通过域名查看页面内容，如图 3-4 所示。

图 3-4　通过本地 Nginx 代理到虚拟域名

　　至此，整个路由式微前端的实现例子就基本完成了。回顾一下前面所做的事情，其实从本质上来说，这不就是早期前端三大件直接放到服务器上的多页应用的设置吗？没错。这与那个时期前端发布到服务器上的过程及实现没有任何区别。而路由式微前端在切换应用时，实际上就是通过 URL 来访问服务器上对应的 Web 应用。当路径发生变化时，浏览器会发起一个 GET 请求，请求服务器重新加载整个应用所需的所有静态资源。如果变化的是应用内部的前端路由，那么可以通过 URL 中的 hash 值在应用内部进行无刷新切换。例如，从 www.a.com/a 跳转到 www.a.com/b，浏览器将触发一个 GET 请求以从服务器获取新资源。而如果是从 www.a.com/a/#/m 导航至 www.a.com/a/#/n，这只是应用内部 URL hash 的变化，允许应用在不重新加载页面的情况下自主切换视图。此外，如果你认为 hash 模式不够美观，采用 history 模式同样是一个可行的选择。

3.3　基于 iframe 的微前端示例

　　自 HTML4 引入 iframe 标签以来，它便一直受到人们的广泛关注和讨论。iframe 拥有一些独特且不可替代的优势，但同时也伴随着一些让人不禁摇头的问题。iframe 为浏览器提供了一种嵌入内容的原生方式，利用了浏览器的多进程架构，实现了接近完美的隔离效果。然而，正是这种过度的隔离，使得在 iframe 之间进行通信变得复杂，往往需要采取一些非传统的方法。

　　尽管存在挑战，iframe 在微前端架构中仍然是一个不可忽视的重要解决方案。它的原生特性所带来的优势是其他技术难以匹敌的。本节将通过一个实例来探讨如何利用 iframe 方案实现微前端架构的集成。通过这个例子，我们可以更加深入地理解 iframe 在微前端中的应用，以及如何巧妙地解决它带来的通信难题。

3.3.1　iframe 方案核心

　　iframe 的本质实际上类似于在页面中嵌入了一个独立的浏览器标签页。在第 1 章中，我们大致探讨了多进程浏览器的基本架构和历史演变，这有助于深入了解浏览器如何隔离不同域名的内容。这种"隔离"措施的根本目的在于提高安全性。正如第 1 章所述，早期的浏览器并非采用多进程架构，而是以单一进程处理所有任务，包括页面渲染、JavaScript 解析以及浏览器插件等。这种设计意味着，一旦某个页面出现故障，整个浏览器都可能会崩溃。此外，不安全的第三方插件甚至有可能窃取用户的网络活动信息以及本地用户的个人数据。

iframe 依赖于浏览器的原生功能，几乎不存在移植和复用的额外成本，只需在需要的地方嵌入即可，同时还具备出色的隔离性能。尽管如此，iframe 并非没有缺点。它不能维护 URL 状态，无法根据父容器计算位置，也无法实现数据的持久化存储，这些问题成为许多有意采用 iframe 作为微应用架构的人士的顾虑。

然而，无论面临何种挑战，问题总有解决的方法。保持 URL 状态、实现父子组件间的通信，或是数据的持久化存储，都不是不可克服的难题。

3.3.2　浅谈 iframe 方案的适用场景

在日常开发工作中，相信读者都听说过"跨域"这个术语。它指的是浏览器出于隔离、安全及开放的考虑，限制不同域名网站间的数据访问和服务器交互。然而，除跨域外，浏览器安全领域还有另一个技术概念——"跨站"。跨站与跨域的区别在于：跨域是指当协议、域名或端口号中任意一项不同时，即构成跨域；而跨站则是指有效顶级域名（eTLD）加上一级域名不同的情况，即视为跨站。

```
// 跨域
https://www.zaking.com
http://www.zaking.com
// 跨站
https://www.zaking.com
http://a.zaking.com
https//b.zaking.com:9090
http://c.zaking.com:1000
```

通过上面的示例，读者可以明显地看出跨域与跨站的区别，只要是 eTLD+1（即有效顶级域名）不同，就构成跨站；如果三要素之一不同，那就是跨域。

在实际的开发过程中，我们设想一个常见的场景：通常，我们会将其他项目嵌入自己的项目中，而这些被嵌入的项目部署在同一服务器上，或者至少可以使用相同的站点域名。这意味着，当我们打算利用 iframe 来构建微前端解决方案时，通常能够相对容易地实现同站或同域的条件。

当然，我们也可能遇到这样的情况：使用或嵌入来自第三方或其他服务提供商的项目。这类项目通常设计为可以独立部署，因此在这种情况下，跨站问题就不复存在了。

上述讨论都是基于较为理想的状况，它们为我们提供了相对"自由"的操作空间。然而，如果你试图在自己的项目中嵌入百度的页面，并期望与之进行数据交互，那么必须指出，这是不可行的。笔者曾在博客上用过一个类比：你可以随意进出自己的家，但想要擅自进入别人的家，显然是不被允许的。互联网世界亦是如此，即便你通过某些技术手段获得了访问他人资源的"钥匙"，这样的行为也等同于非法侵入。浏览器的设计初衷正是为了极力阻止这种通过技术手段侵犯他人隐私和安全的行为。

3.3.3 基于 iframe 实现微前端的小例子

前面介绍了 iframe 的一些基本概念，本小节将实现一个基于 iframe 嵌套的小例子。我们先来看一下目录结构，如图 3-5 所示。

图 3-5 iframe 示例目录结构

接下来，我们将展示最终的页面效果，如图 3-6 所示。

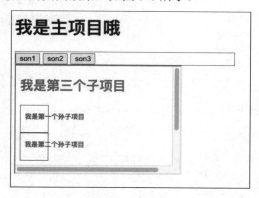

图 3-6 iframe 示例效果图

单击按钮，可以切换对应的 iframe 子项目。其中，第三个子项目嵌套了两个平级的三级子项目。核心代码如下：

```
<!DOCTYPE html>
<html lang="en">
    <head>
            <meta charset="UTF-8" />
            <meta name="viewport" content="width=device-width,
```

```
initial-scale=1.0" />
                <title>我是主项目</title>
        </head>
        <body>
                <h1>我是主项目哦</h1>
                <div class="box" style="width:400px;height:400px;">
                        <div class="menu" style="border: 1px solid red;">
                                <button id="son1Btn">son1</button>
                                <button id="son2Btn">son2</button>
                                <button id="son3Btn">son3</button>
                        </div>
                        <iframe
                                style="height:200px;"
                                id="iframeContent"
                                src="http://localhost:4000/son1"
                                frameborder="1"
                        ></iframe>
                </div>
        </body>
        <script>
                const son1Btn = document.querySelector('#son1Btn');
                const son2Btn = document.querySelector('#son2Btn');
                const son3Btn = document.querySelector('#son3Btn');
                const iframeContent = document.querySelector('#iframeContent');

son1Btn.addEventListener('click',()=>iframeContent.src='http://localhost:4000
/son1')

son2Btn.addEventListener('click',()=>iframeContent.src='http://localhost:4000
/son2')

son3Btn.addEventListener('click',()=>iframeContent.src='http://localhost:4000
/son3')
        </script>
    </html>
```

代码很简单，且服务端代码与路由式微前端中的例子类似，因此不再赘述。以下是 son3.html
的代码：

```
    <!DOCTYPE html>
    <html lang="en">
        <head>
                <meta charset="UTF-8" />
                <meta name="viewport" content="width=device-width,
initial-scale=1.0" />
```

```
              <title>son3</title>
      </head>
      <body>
              <h2 style="color: red;">我是第三个子项目</h2>
              <div class="box">
                      <div
                              class="left-menu"
                              style="border: 1px solid green;
width:50px;height:50px"
                      >
                              <iframe src="http://localhost:4000/grandson1"
frameborder="0"></iframe>
                      </div>
                      <div
                              class="right-content"
                              style="border: 1px solid
blue;width:50px;height:50px;"
                      >
                              <iframe src="http://localhost:4000/grandson2"
frameborder="0"></iframe>
                      </div>
              </div>
      </body>
  </html>
```

　　读者可以在随书资源中查看完整的源代码。细心观察上述代码会发现，iframe 加载的地址是本地的 localhost。为了让这个例子更加贴近实际场景，我们将沿用前文提到的方法，通过配置本地的 Nginx 服务器和修改 hosts 文件来调整域名映射，使之更为贴近真实环境。核心 Nginx 配置代码如下：

```
server {
   listen  80;
   server_name  www.zakingwong.com;
   location / {
          proxy_pass http://localhost:4000;
   }
}
server {
    listen  80;
   server_name  www.zakingwong2.com;
   location /grandson2 {
          proxy_pass http://localhost:4000;
   }
}
```

然后，我们在 hosts 文件中增加以下配置：

```
127.0.0.1 www.zakingwong2.com
```

这样，就可以像之前路由式微前端例子一样，在浏览器中使用自定义的域名了。当然，还需要修改 iframe 对应的地址，以下是修改后的 father.html 文件内容：

```
son1Btn.addEventListener('click',()=>iframeContent.src='http://www.zaking
wong.com/son1')
son2Btn.addEventListener('click',()=>iframeContent.src='http://www.zakingwong
.com/son2')
son3Btn.addEventListener('click',()=>iframeContent.src='http://www.zaking
wong.com/son3')
```

然后，再修改 son3.html 中引入的 iframe 路径：

```
<div
    class="left-menu"
    style="border: 1px solid green; width:50px;height:50px"
>
    <iframe
        src=http://www.zakingwong.com/grandson1
        frameborder="0"
    ></iframe>
</div>
<div
    class="right-content"
    style="border: 1px solid blue;width:50px;height:50px;"
>
    <iframe
        src="http://www.zakingwong2.com/grandson2"
        frameborder="0"
    ></iframe>
</div>
```

在 son3.html 中，第一个 iframe 使用的是 zakingwong 的域名，第二个则使用 zakingwong2 域名。到此为止，大功告成，我们可以通过浏览器访问 www.zakingwong.com 来"真实"地测试这部分内容，以查看预期效果。

至此，本节讨论即将结束。在结束之前，笔者想留给读者一个思考：在刚才的例子中，笔者采用的是横向拆分方案还是纵向拆分方案？又或者，这两种方案是否在这个示例中同时应用了？

3.4　基于 Web Component 的微前端

　　Web Components 是一套革命性的技术组合，旨在赋予开发者构建可复用定制 Web 元素的能力。这些技术专为解决代码重用过程中可能出现的冲突和难题而设计。Web Components 提供了原生的组件化解决方案，不仅简化了开发过程，还显著增强了代码的模块性和可维护性。借助 Web Components，开发者可以打造出封装严密、功能完备的组件，进而在整个 Web 应用中实现更高效的代码复用。它主要由以下三个核心技术构成。

　　（1）Custom element（自定义元素）：一组 JavaScript API，用于创建自定义元素的行为并在 HTML 中使用。

　　（2）Shadow DOM：也是一组 JavaScript API，用于将封装的"影子"DOM 树附加到元素上（与主文档 DOM 分开呈现），并控制其关联的功能。其核心价值在于实现"隔离"和封装。

　　（3）HTML template：<template>和<slot>元素允许用户编写标记模板，这些模板不会直接显示在页面上。它们可以作为自定义元素结构的基础，实现多次重用。HTML 模板的作用和价值在于提供了一种有效的方式来组织和管理 HTML 结构，实现结构复用和逻辑分离，同时有助于提高性能和安全性。

3.4.1　Web Component 使用简介

　　在前文中，我们了解了 Web Component 及其核心技术组成。现在，我们来尝试实现一个基本的 Web Component 示例。

```
<!DOCTYPE html>
<html lang="en">
    <head>
            <meta charset="UTF-8" />
            <meta http-equiv="X-UA-Compatible" content="IE=edge" />
            <meta name="viewport" content="width=device-width,
initial-scale=1.0" />
            <title>Web Component Example</title>
    </head>
<body>
            <template id="custom-button-template">
                    <style>
                            .custom-button {
                                    display: inline-block;
                                    padding: 10px 20px;
                                    background-color: #3498db;
```

```
                              color: #fff;
                              border: none;
                              border-radius: 5px;
                              cursor: pointer;
                          }
                  </style>
                  <div class="custom-button">
                      <slot></slot>
                  </div>
          </template>
          <script>
                  customElements.define('custom-button', class CustomButton
extends HTMLElement {
                      constructor() {
                          super();
                          const template =
document.getElementById('custom-button-template');
                          const templateContent = template.content;
                          console.log(this);
                          const shadowRoot = this.attachShadow({mode:
'open'});

shadowRoot.appendChild(templateContent.cloneNode(true));
                      }
                  });
          </script>
          <custom-button>Click me!</custom-button>
      </body>
  </html>
```

整体而言，这段代码量虽然不大，但它基本展示了 Web Component 的核心实现形式。然而，即便代码简洁，其中蕴含的知识点却并不少。

首先，我们使用 template 标签包裹了一段具有样式和可复用的 HTML 结构。在这个简单的例子中，我们模拟了一个按钮样式，slot 标签则用于定义插入自定义标签插槽的内容。从功能上讲，它和 Vue 的 slot 标签组件并没有太大的差别。

接下来，我们通过 customElements 来定义一个新的自定义标签。customElements 是 window 对象的只读属性，提供了对 CustomElementRegistry 对象的引用。通过这个引用，我们可以调用诸如 define、get、upgrade 等方法来定义和管理自定义元素。

最终，我们通过类（即 class）来创建自定义元素。在类的构造函数中，我们提取了 template 标签中的内容，并创建了一个 shadowDOM 来承载我们的自定义标签。至此，自定义组件便大功告成了。展示效果如图 3-7 所示。

Click me!

图 3-7　Web Component 组件效果示例

3.4.2　基于 Web Component 实现微前端示例

在前面的章节中，我们已经初步掌握了 Web Component 技术的核心要点及其基础应用。接下来，我们将利用 Web Component 技术构建一个简易的微前端实例。

```html
<!DOCTYPE html>
<html lang="en">
    <head>
        <meta charset="UTF-8" />
        <meta name="viewport" content="width=device-width,
initial-scale=1.0" />
        <title>Micro Base Web Component Demo</title>
    </head>
    <body>
        <template id="micro-template-1">
            <style>
                .mirco-box-1 {
                    display: inline-block;
                    padding: 10px 20px;
                    background-color: blue;
                    color: #fff;
                    border: none;
                    border-radius: 5px;
                    cursor: pointer;
                }
            </style>
            <div class="mirco-box-1">微应用 1</div>
        </template>
        <template id="micro-template-2">
            <style>
                .mirco-box-2 {
                    display: inline-block;
                    padding: 10px 20px;
                    background-color: red;
                    color: #fff;
                    border: none;
                    border-radius: 5px;
                    cursor: pointer;
                }
```

```
                            </style>
                            <div class="mirco-box-2">微应用 2</div>
                    </template>
                    <script>
                            customElements.define('micro-comp-1', class MicroComp1
extends HTMLElement {
                                    constructor() {
                                            super();
                                            const template =
document.getElementById('micro-template-1');

    const templateContent = template.content;
                                            console.log(this);
    const shadowRoot = this.attachShadow({mode: 'open'});

shadowRoot.appendChild(templateContent.cloneNode(true));
                                    }
                            });
                            customElements.define('micro-comp-2', class MicroComp2
extends HTMLElement {
                                    constructor() {
                                            super();
                                            const template =
document.getElementById('micro-template-2');
                                            const templateContent = template.content;
                                            console.log(this);
                                            const shadowRoot = this.attachShadow({mode:
'open'});

shadowRoot.appendChild(templateContent.cloneNode(true));
                                    }
                            });
                    </script>
                    <h1>Main Page</h1>
                    <div class="btn-nav">
                            <button id="micro1">micro 1</button>
                            <button id="micro2">micro 2</button>
                    </div>
                    <div id="micro-area"></div>
                    <script>
                            const btn1 = document.querySelector('#micro1');
                            const btn2 = document.querySelector('#micro2');
                            let contentArea = document.querySelector('#micro-area');
                            btn1.addEventListener('click',()=>{
```

```
                    while (contentArea.firstChild) {
contentArea.removeChild(contentArea.firstChild);
                    }
contentArea.appendChild(document.createElement('micro-comp-1'))
                })
                btn2.addEventListener('click',()=>{
                    while (contentArea.firstChild) {
contentArea.removeChild(contentArea.firstChild);
                    }
contentArea.appendChild(document.createElement('micro-comp-2'))
                })
        </script>
    </body>
</html>
```

点击 micro1 或 micro2 按钮，便会触发交互效果——对应的微应用随即被加载并展示，这一动态过程如图 3-8 所示。

Main Page

图 3-8　Web Component 微前端简要示例

整体而言，代码完全模仿前一个示例，仅新增了一个用于模拟菜单按钮的列表，以便切换不同的微应用。当点击这些按钮时，代码会移除现有的子节点，以模拟微应用的卸载过程，然后追加目标微应用。

需要注意的是，本示例并未涵盖诸如 hash 监听、搭建静态服务器、微应用的卸载与加载，以及 JavaScript 和 CSS 文件的卸载与加载等高级功能。本示例旨在展示最基本、最简洁的实现方法。

3.5　微应用化

微应用化的核心是把大型应用拆分成一个个微型应用，每个微型应用都可以独立开发、独立部署以及独立运行。其中，最关键的是大型应用的拆分与组合。

我们回想一下之前聊过的三种方案，每一个独立部署于服务器的应用，通过不同 URL Path 来区分子应用。那么，是否可以认为这也是一种微应用化方案？一个又一个的 iframe 组合到一起，是不是微应用化？在一个页面放置五六个 Web Component，是不是也是一种微应用化？

答案是，不一定。因为微应用在实践中最关注的是把大型应用拆分并独立出去，或者在设计一个大型应用之初，就有一个主应用来聚合这些子应用。我们可以把这些子应用的软件包完全引入主应用中，并把所有父子项目打包成一个整体。注意，这个过程才是真正微应用化的含义。

这让笔者想起了儿时特别喜欢的一种玩具——汽车机器人，大致如图 3-9 所示。

图 3-9　变形组合汽车人

这样的机器人每个部位都可以独立变成一辆车，同时，它们也可以组合在一起，呈现出最终的机器人形态。微应用的目的也是如此。

微应用化实现思路

我们先来设想一下，一个单一的现代前端单页面应用需要什么。

首先，我们需要构建本地环境和生产环境，通常可以通过各种框架的脚手架完成绝大部分工作。

　　然后，我们需要关注路由和状态管理，如何配置前端路由，是使用 hash 还是 history？应用哪种状态管理方案，或者并行使用多种方案？

　　最后，我们还需要关注组件化，这里指的仅仅是项目内的组件化。是否需要组件化，取决于你的项目是否足够大。

　　基于以上的简单思考，实现微应用其实并不复杂。每一个微应用与我们前面描述的内容毫无区别。关键的工作在于如何聚合这些微应用的主应用。

　　主应用的基础配置往往和其他微应用并没有差别，主应用甚至可以在一定程度上拥有自己的业务代码，一方面保持了自己的业务能力，另一方面还要具备组合其他微应用的能力。

　　那么，如何组合其他微应用呢？

　　简单来说，我们可以把微应用的代码全部复制到主应用的对应文件夹下，甚至可以通过 Node.js 来自动生成路由，并把状态管理的代码按照一定的规则编排，这里可能需要用到一些代码编译的逻辑。

　　当然，主应用不能照单全收所有的微应用代码，主应用只需要获取必要的部分即可。

　　这里还有个问题：这样的设计方案是否支持不同框架？一个微应用是 Vue，一个微应用是 Angular，还有一个微应用是 React，这样是否行得通呢？

3.6　微服务化

　　在前端领域，微服务化实际上是将微服务架构应用于前端，每个微应用都是完全独立的，可以拥有自己的技术栈，独立进行开发、构建、部署和发布。最终，通过主应用，也称为基座，来整合成一个完整的应用。

　　前端微服务化本质上也依赖于基座应用，基座主要负责获取和绑定其他微应用，以及管理它们的生命周期和加载等。当然，基座中也可以选择性地放置一些业务代码，例如 SaaS 系统中的登录代码。如果登录逻辑不算是核心业务代码，那么将菜单页面、非业务性或业务区分不明显的页面，以及一些非独立业务但具有一定通用性的系统项目类页面放在基座中是合理的，这样可以让微应用专注于它们所属的业务领域。

　　需要注意的是，基座应用是否可以加入业务代码，这种区分的界定在一定程度上是基于技术架构的考量，而微应用的业务系统拆分则是纯粹的业务领域问题。

　　在设计基座能力时，我们通常需要关注微应用的注册、应用间数据传递、路由切换逻辑等方面。

　　如果你面对的是个性化需求较强的项目，可能需要进行一定程度的定制化开发。如果你的项目较为通用，那么 Single-SPA 是一个不错的选择。

3.7 微件化

微件（Widget）是互联网上可重复使用的数据块，能够使普通用户跨越技术门槛，根据自身需求聚合和拼装网页与网站，具有权威、全面、及时及互动的特性。

在前端领域，微件可以理解为一小块可以在任意基于 HTML 的网页上执行代码的小部件，它的表现形式可能包括视频、地图、新闻或小游戏等。

因为前端要与页面、视觉、用户交互等打交道，所以前端微件化必然离不开 UI（即页面元素）。当我们想要在前端使用微件时，它通常是一种与项目业务体系相脱离的功能性附加组件。最直观的例子便是浏览器的插件，我们可以将其视作浏览器体系下的一个小型微件。

微件、组件（Component）和插件（Plugin）这三者在一定程度上并不容易明确区分。下面来梳理一下它们之间的区别与联系。

- 微件：微件通常指一种小型、可重复使用的用户界面元素，旨在网页或应用中呈现特定功能或内容。微件具备独立的功能，能够独立运行，同时也支持嵌入其他页面或应用中。它通常作为一段独立的代码存在，可以通过 API 或其他方法进行调用和使用。
- 组件：组件是前端开发中常用的概念，旨在将界面分割成独立且可重复利用的部分。组件通常自带结构、样式及行为，能够独立运作且可多次调用。组件既可以是简单的按钮、表单元素，也可以是复杂的导航栏、轮播图等。采用组件化开发有助于提升代码的 3`可维护性和复用性。
- 插件：插件通常是指为现有软件或系统增添新功能的模块化工具。在前端开发领域，插件主要用于扩展第三方库或框架的功能，以满足特定需求或实现特定功能。插件通常以独立形式存在，并通过特定途径被引入项目中加以运用。

三者有以下区别和联系：

- 微件和组件都是用于构建用户界面，但微件更偏向于描述一个特定功能或内容的小型元素，而组件则更侧重于描述一个可重用的、独立的界面部分。
- 组件通常是在项目内部开发和使用的，而微件通常可以嵌入不同项目或系统中使用。
- 插件通常用于扩展第三方库或框架，为现有系统添加新功能；而微件和组件更多的是用于构建界面元素和交互。

可以看到，微件和组件都是用于构建用户界面的，只不过组件属于页面，更像是业务的一部分，为了复用而独立出来。微件则更侧重于功能，它是一个独立于业务或项目体系的用户界面。而插件不同于前两者的用户界面属性，它的使用场景则是扩展项目能力，以实现特定需求。

通过对比三者的区别与联系，可以加深对微件的理解。在前端领域实现微件化，个人认为它在一定程度上偏离了微前端的范畴，更像是前端能力的一种补充，无论是否使用微前端，都可以使用微件化这个方案。

3.8 基于开源框架的微前端方案

在微前端技术风靡一时之际，各大前沿企业开始思索如何实现微前端的高效、优质与独立性。迄今为止，GitHub 上已经涌现出众多成熟的微前端开源框架，并持续获得关注与认可。本节将在此基础之上，向读者介绍当前开源的微前端框架种类，并简要概述，以便读者在实际工作中有所参考。

3.8.1 Single-SPA

当我们谈论微前端时，不可避免地要提到一个广为人知的框架——Single-SPA。许多国内大型企业的微前端框架都是在 Single-SPA 的基础上进行二次开发和封装的。

Single-SPA 是一个 JavaScript 微前端框架，专门设计用来将多个单页面应用整合为一个统一的应用程序。它支持在同一页面上运行使用不同前端框架构建的单页面应用，并且允许这些应用独立部署。在迭代过程中，Single-SPA 能够快速地集成旧有项目，提供极大的灵活性。

Single-SPA 的核心机制主要包含两个部分：applications 和 single-spa-config。通过配置文件和应用的注册，Single-SPA 能够基于主应用监测路由变化，从而动态加载和卸载子应用。

尽管我们已经掌握了微前端的一些基本概念，但要构建一个适用于生产环境的微前端项目，除处理应用的加载与卸载外，还需解决隔离和通信等关键问题。Single-SPA 本身并未涵盖这些领域，它更类似于一个应用加载器。因此，其他框架在 Single-SPA 的基础上进行了扩展，弥补了其在隔离和通信方面的不足，使微前端架构更为完善和实用。

3.8.2 Qiankun

Qiankun 是一个基于 Single-SPA 的微前端实现库，致力于简化微前端架构系统的构建过程，让开发者能够以更简单、更直接的方式实现生产级别的微前端应用。

Qiankun 这个名字寓意深远，它象征着天地、宇宙的广阔与包容，正如其设计哲学，旨在容纳多样化的前端技术栈。由阿里巴巴集团精心打造，Qiankun 已经在蚂蚁金服内部成功服务超过 2000 个线上应用，其在易用性和完整性方面的表现无疑值得信赖。

Qiankun 的核心理念是"开箱即用"，希望提供一个对开发者友好的微前端框架。开发者无须深入了解其内部实现机制，只需按照 Qiankun 提供的指导进行操作，即可轻松构建微前端应用。这一点为需要在开发中采用微前端架构的开发者提供了极大的便利。

Qiankun 还提供了样式隔离、JavaScript 沙箱、资源预加载等一系列高级功能。然而，与 iframe 技术相比，Qiankun 并没有选择将其作为核心技术方案。正如我们在前文中讨论的，虽然 iframe 提供了高度的隔离性，但也带来了一系列问题，比如跨域通信的困难、URL 与 UI 状态不同步以及资源加载缓慢等。特别是每次子应用加载时，都需要重新构建浏览器上下文和重新加载资源，这无疑增加了应用的加载时间。基于这些考虑，Qiankun 选择了一条不同的技术路径，以期为用户提供更加高效、灵活的微前端解决方案。

3.8.3　Wujie

Wujie（无界）是一款创新的微前端框架，巧妙结合了 Web Components 技术和 iframe，具有低成本、快速响应、原生隔离和强大的功能等特点，为开发者提供了一种全新的解决方案。

在讨论 Qiankun 时，虽然我们指出了 iframe 技术在跨站点通信时面临一些难以逾越的障碍，但在同站点的情况下，这些问题显得不那么棘手。基于这样的认识，无界应运而生，解决了 Qiankun 在某些方面的局限。

无界采用 iframe 作为核心技术方案，利用浏览器原生的 window 沙箱特性，提供完整的 history 和 location 接口。子应用实例在 iframe 中独立运行，路由与主应用完全解耦，允许在业务组件内部直接启动应用。通过巧妙地劫持 iframe 的 history.pushState 和 history.replaceState 方法，无界能够将子应用的 URL 同步到主应用的查询参数。当浏览器刷新时，无界能够读取子应用的 URL，并通过 iframe 的 history.replaceState 进行同步，实现 URL 的无缝对接。

在解决了 JavaScript 沙箱和路由同步的问题后，无界进一步利用 Web Components 技术来实现 CSS 的隔离。它创建了一个名为 wujie 的自定义元素，将子应用的完整结构渲染其中，确保样式的独立性和隔离性。

至于通信机制，由于子应用的 iframe 与主应用处于同一域，主应用和子应用之间的通信变得顺畅自然。

通过综合运用 iframe 和 Web Component 的策略，无界在同域环境下出色地解决了 JavaScript 沙箱、CSS 沙箱、应用间通信以及 URL 和 UI 同步等问题，为微前端架构提供了一种高效、可靠的实现方式。

3.8.4　MicroApp

MicroApp 是京东零售推出的一款微前端框架，采用了类似 Web Component 的技术进行渲染，以组件化的思维实现微前端架构。该框架的设计理念在于简化开发者的上手难度，同时提升工作效率。MicroApp 以其极低的接入成本和全面的功能性，已成为当前市场上最具竞争力的微前端解决方案之一。

MicroApp 提供了包括 JS 沙箱、样式隔离、元素隔离、预加载、虚拟路由系统、插件系统和数据通信等在内的一系列完善功能，这些功能共同构成了一个强大的微前端生态系统。

一个显著的优势是，MicroApp 与技术栈无关，对前端框架没有任何限制。这意味着任何框架都可以作为基座应用，嵌入任何类型的子应用，极大地增强了框架的通用性和灵活性。

MicroApp 的另一个显著特点是它基于类 Web Component 的实现方式。虽然乍听起来"类 Web Components"似乎有些矛盾——既是 Web Component，又不是 Web Component。但实际上，这意味着 MicroApp 并非真正的 Web Component，但通过 Custom Element 和自定义的 Shadow DOM 等技术手段，实现了类似 Web Component 的能力，从而为微前端提供了组件化的渲染能力。

MicroApp 几乎不依赖任何外部库，使用起来简单直观，并且兼容几乎所有的前端框架。它的上手成本极低，但提供的功能却非常强大，这使得 MicroApp 成为开发者构建微前端应用的理想选择。

3.8.5　Module Federation

ModuleFederationPlugin 简称 ModuleFederation（以下简称 MF），是 Webpack 5 的一个革命性插件。它赋予应用远程加载其他服务器上应用模块的能力，极大地提升了模块化的灵活性。

MF 的核心理念围绕两个关键概念：host 和 remote。host 是指加载其他应用模块的主应用，而 remote 则是被加载的远程应用。这一设计使 MF 与传统的微前端或子应用模式有所区别。MF 倡导的是一种"路由式项目"的模式，其中每个应用都是独立部署的，彼此之间没有直接依赖关系。

MF 的架构是一种去中心化的、平等的生态系统。在这个系统中，每个应用既可以作为 host，加载其他应用的模块，也可以作为 remote 被其他应用加载。这种灵活性为构建大型、分布式的前端应用提供了强大的支持。

通过 MF，开发者可以构建一个由多个独立且相互协作的应用组成的生态系统。每个应用都保持自身独立性，同时又能够与其他应用共享资源和功能。这不仅提高了应用的可维护性和可扩展性，还促进了团队之间的协作和模块的复用。

总的来说，ModuleFederationPlugin 为现代前端工程提供了一种创新的解决方案。它通过 host 和 remote 的概念，重新定义了应用之间的协作方式，为构建大型、复杂的前端应用提供了无限可能。

3.8.6　Bit

Bit 直译为"比特"，在中文中，它代表信息量的度量单位，也是二进制系统中的基本位。在计算机科学中，一个简单的 0 或 1 就构成了 1 比特，这是计算机处理和传输信息的最小数据单位。Bit 框架的命名灵感正来源于此，它鼓励在构建前端软件时，将项目分解为细小的组件，最终通过这些组件的组合构建完整的项目。

Bit 本身是一个可组合的软件构建系统，其核心思想是通过组件的组合来构建软件。它能够无缝且高效地整合不同版本的组件，形成统一的应用。Bit 的核心是 Bit Component，一个可以容纳多个组件的容器。读者可以将其视为一种新型的软件包，展现出高度可扩展性、可移植性和维护的无缝性。

Bit 通常应用于 Monorepo（单一代码仓库中包含多个模块）、Polyrepo（即 Multi-repo，多个代码仓库分别包含不同的模块）以及分布式架构设计等多种场景。

Bit 的设计理念是支持增量开发，允许开发者在短时间内轻松将它集成到现有项目中。虽然 Bit 本质上并非一个纯粹的微前端框架（如 Qiankun 或 Wujie），但笔者更倾向于将 Bit 视为一个容器。它的应用场景不仅限于微前端架构，更是软件架构中的一个组合式组件容器。换句话说，Bit 的适用性远超出了前端领域，它同样可以在服务器端软件架构中发挥重要作用，微前端只是 Bit 众多能力中的一个方面。

3.8.7 FrintJS

FrintJS 是一个模块化 JavaScript 框架，旨在提供模块化和可扩展的架构，帮助开发人员构建复杂的 JavaScript 应用程序。

FrintJS 的主要功能如下。

- 模块化开发：FrintJS 鼓励开发人员将应用程序分解为多个独立的模块，每个模块负责处理特定的功能或业务逻辑，从而提供高代码的复用性和可维护性。
- 可扩展性：FrintJS 提供了丰富的扩展机制，开发人员可以通过插件和中间件来扩展框架的功能，以满足不同项目的需求。
- 响应式编程：FrintJS 支持响应式编程范式，使开发人员能够更高效地处理数据流和状态管理，从而提高代码的可预测性和可维护性。
- 跨平台支持：FrintJS 不仅可用于构建 Web 应用程序，还支持构建其他类型的应用程序，如桌面应用程序或移动应用程序。

FrintJS 是一个与特定框架无关的库，它的独立性不仅限于浏览器框架。实际上，FrintJS 可以在多种环境中使用，包括浏览器、服务器以及命令行界面（CLI，例如 Node.js）。

3.8.8 其他

除之前简要介绍的微前端框架外，实际上还有许多其他具有相似理念的微前端框架，例如 Luigi、Open Components、Piral、Mosaic 9 和 PuzzleJS 等。这些框架被称为"接近"微前端，因为它们的核心功能在于模块化，而模块化的概念本质上就是微前端架构的实践延伸。

这些框架和工具，如 SystemJS，虽然它们的直接目标可能不是微前端，但所提供的模块化能力为实现微前端架构奠定了基础。了解这些框架和工具可以为我们在面对不同项目需求时提供更多的思路和选择。

在此，我们不需要深入探讨每个框架的细节，但对它们有一个基本的认识是有益的。这样在需要时，我们能够更灵活地选择合适的工具来构建微前端解决方案。这种广泛的知识储备能够帮助我们在微前端架构的探索和实践中更加得心应手。

3.9　本章小结

现在我们来到了一个关键阶段。笔者想问一下，经过我们的讨论，究竟什么是微前端？微前端是否一定需要一个基座应用？

到目前为止，我们已经讨论了很多内容。从第 1 章开始，我们讨论了模块化、面向对象编程、函数式编程、领域驱动设计，还涉及了微服务、微前端以及浏览器架构的发展。

在第 2 章中，我们学习了微前端的理论知识，包括对微前端的理解、原则、优缺点，以及适用场景和实现要点。

本章我们深入探讨了不同类型的微前端架构及其基本实现方式。通过这一系列的学习，我们对微前端有了初步的了解。然而，对于"微前端"这一概念，我们是否已经足够清晰了呢？

虽然你可能已经对微前端有了一定的了解，并能描述其基本特征和定义，但笔者希望进一步探讨：我们能否用更具体、更生动的语言来描绘微前端的本质？

模块化的前端项目算不算微前端？纯粹基于路由的设计是否属于微前端？微应用化和微件化是否算作微前端？从理论角度看，这些都不算是严格意义上的微前端，只有微服务化的架构才符合微前端的标准。但是，从实际应用的角度来看，这些方式都可以在一定程度上简化开发、支持增量升级和优雅迭代。因此，它们也可以被视为是微前端的一部分。

笔者提出这些问题，是希望读者不要拘泥于理论，而是要抓住本质，理解微前端的核心是什么，为什么需要它，以及如何在不同场景中应用它。

第 2 个问题，微前端是否一定需要基座呢？理论上讲，需要。任何场景下的微前端技术都需要一个基座作为总线。即使是基于路由的微前端，实际上，它的基座就是浏览器。我们可以将浏览器视为一个元基座，也就是代码的运行环境，不仅限于浏览器，Node.js 或 Linux 也可以理解为类似的基座。虽然这个观点看似有些牵强，但仔细思考后，你会发现它确实有道理。

现在，请暂时放下这本书。试着忘记之前讨论的所有内容，回到一个初学者的角度，跟随笔者一起完成接下来的项目。记住，最深刻的理解往往超越了语言的表达。

我们只需要记住几个核心要点：第一，微前端的目的是希望解耦复杂的项目，使团队和项目不再纠缠在一起，能够更独立地运作；第二，微前端的拆分可以是横向的，也可以是纵向的。记住这两点，就足以指导我们接下来的学习。从实践的角度来看，你需要了解它、学习它、掌握它，最后忘掉它。

简单来说，你只需记两个词：解耦和拆分。其他的都可以忘记，因为学习的最终目的是让我们能够忘记细节，掌握核心。

第4章

路由式微前端实践

在前 3 章的学习中，我们从基础理论出发，逐步过渡到具体示例，全面梳理了微前端的基本概念和理论框架。这些内容基本上已经涵盖微前端领域的主要理论概念。

从本章开始，我们将开启一段新的旅程。通过一个真实的项目案例，带领读者逐步深入微前端项目的具体实施过程。这不仅是为了加深读者对微前端理论的理解，更是为了帮助读者将微前端的概念应用于实际工作中。

通过本章及后续章节的学习和实践，读者将亲身体验微前端项目从规划到实现的全过程。这将帮助读者将理论知识转化为实际技能，提高解决实际问题的能力。让我们携手并进，共同探索微前端的奥秘，开启一段精彩的微前端实践之旅。

4.1　项目背景及项目初始化

小王是一位新晋的前端开发工程师，刚刚加入了一家小型传统行业的子公司。这家公司之前并没有专门的技术开发团队，其项目主要依赖第三方服务公司提供技术和后期维护，涉及的系统多为 B 端系统，如 EHR（Electronic Human Resources，人力资源管理）、OA（Office Automation，办公自动化）、MDM（Master Data Management，主数据管理）、OMS（Order Management System，订单管理）等。公司内部的技术部门主要由几名运维人员和产品经理组成，负责学习项目使用方式并进行持续维护。

小王自评技术水平在中级左右，但由于公司正处于团队组建初期，急需人才，因此他顺利成为公司的一员。这家公司的技术氛围尚在培育之中，作为一家 ToB 企业，对技术的要求并不算高。小王入职时，技术团队规模尚小，仅有两名前端开发工程师、一名产品经理和几名后端开发工程师。随着公司发展，预计技术团队将逐步扩大，以满足业务需求。

在熟悉了公司的业务流程和技术栈后，小王接到了领导分配的第一个项目任务：开发公司官网，并在官网中嵌入一个链接，方便用户跳转到公司的 SaaS 项目。该 SaaS 项目是一个面向特定传统行业企业客户的老旧 ToB 系统，系统庞大且启动缓慢，即便是微小的代码修改，也可能导致页面刷新的时间长达数十秒。

起初，小王认为这个任务并不复杂，只是在官网上添加一个链接而已。然而，他并未意识到，这将是一个充满挑战的过程，考验他的技术、耐心和解决问题的能力。

4.1.1　新老项目简介

在启动新项目之前，深入理解现有项目的现状和新项目的预期目标至关重要。本节的主旨正是为了为接下来的开发工作打下坚实的基础。

如前所述，现有项目是一个规模庞大的类 SaaS 系统，专为传统行业的企业客户设计。系统内部包含约十几种业务模块，例如订单管理，涵盖从订单创建、审核到最终的仓库管理的整个流程；还有仓库管理，涉及接收采购订单、产品出库、记录和入库等环节，以及一些基础功能，如用户管理、账号管理、组织管理，与用户企业信息相关的企业认证、企业信息管理、企业注册、用户绑定、邮箱设置等。

当前，老项目因体积庞大而显得臃肿，存在大量重复的组件和相似的代码片段，这些代码在不同页面间被复制和粘贴，导致任何微小的变更都需要手动搜索关键词并逐一修改。这不仅效率低下，也给项目的稳定性和可维护性带来了潜在风险。

老项目采用的是 Vue2 技术栈，由 Vue2、ElementUI、VueRouter、Vuex 以及 Axios 等组件和库构建而成。凭借小王的专业素养和前瞻性判断，他预见到这个老旧系统在不久的将来必将面临重构。对此，小王内心充满期待，渴望在那一天大展身手。

至于新项目，它是一个以产品展示为核心的官网项目，像大多数官网一样，它需要满足 SEO 优化的需求，同时凸显企业的风采和产品类别。鉴于 SEO 的重要性，小王计划采用 Nuxt3 作为项目的基础框架，利用 Nuxt3 提供的服务器端渲染（Server-Side Rendering，SSR）功能来优化搜索引擎的收录。

然而，这些描述仍显得不够具体。为了更深入地理解项目，我们将在接下来的章节详细探讨具体的页面设计和代码架构。这将帮助我们从宏观到微观，全面把握项目的每一个细节。

4.1.2　新老项目创建及基本结构

在 4.1.1 节中，我们通过一个引人入胜的"小故事"，初步揭示了老项目的现状和新项目的愿景。然而，这些项目仅仅是概念性的描述，并未真实存在。因此，本小节的核心目标是带领读者从零开始，逐步构建老项目和新项目。我们将共同经历完整的项目开发、部署和发布流程，深入了解每一个环节。

此外，本小节还将重点探讨如何实现"自动"路由式微前端架构。这不仅是一个技术挑战，也是本章的核心内容。通过这一过程，我们希望展示微前端架构的实际应用和优势，让读者对微前端有更深刻的理解。

我们将从基础的搭建开始，逐步深入项目的每一个细节，包括代码编写和功能实现，直至最终的部署和发布。这一过程不仅有助于提升读者的技术水平，也有助于培养系统性思考和解决问题的能力。

通过本小节的学习，读者将能够掌握从项目构思到最终交付的全过程，理解微前端架构在实际项目中的应用，为未来的开发工作打下坚实的基础。

1. 老项目基本内容简介

老项目的名称为 z-treasure（后文所有涉及老项目的名称都以 treasure 代替，即宝藏项目），该项目是一个较为常见的后台管理系统项目，我们通过 vue-cli 创建了基本的项目结构，目录设置如图 4-1 所示。

图 4-1　m-treasure 项目的目录结构

然后，我们查看一下 package.json 文件的内容，整个项目的依赖都记录在 package.json 中，如图 4-2 所示。

```
"scripts": {
  "serve": "vue-cli-service serve",
  "build": "vue-cli-service build",
  "lint": "vue-cli-service lint"
},
"dependencies": {
  "axios": "^1.6.8",
  "core-js": "^3.8.3",
  "element-ui": "^2.15.14",
  "vue": "^2.6.14",
  "vue-router": "^3.5.1",
  "vuex": "^3.6.2"
},
"devDependencies": {
  "@babel/core": "^7.12.16",
  "@babel/eslint-parser": "^7.12.16",
  "@vue/cli-plugin-babel": "~5.0.0",
  "@vue/cli-plugin-eslint": "~5.0.0",
  "@vue/cli-plugin-router": "~5.0.0",
  "@vue/cli-plugin-vuex": "~5.0.0",
  "@vue/cli-service": "~5.0.0",
  "eslint": "^7.32.0",
  "eslint-config-prettier": "^8.3.0",
  "eslint-plugin-prettier": "^4.0.0",
  "eslint-plugin-vue": "^8.0.3",
  "less": "^4.0.0",
  "less-loader": "^8.0.0",
  "prettier": "^2.4.1",
  "vue-template-compiler": "^2.6.14"
}
```

图 4-2 m-treasure 项目的基本依赖

整个 treasure 项目使用了 Vue2 全家桶作为核心依赖，并配置了一些在项目工程中常见的语言环境依赖，如 babel、eslint、prettier 等。

src 文件夹下存放了一些开发文件，如图 4-3 所示。

图 4-3 m-treasure 项目下 src 目录的内容

其中，router 进行了基础的前端路由配置，包含最简单的路由映射，如图 4-4 所示。

```javascript
import Vue from "vue";
import VueRouter from "vue-router";
Vue.use(VueRouter);
const loginC = {
    path: "/login",、
    component: () => import("@/views/login/index"),
};
const contentRouter = [
    {
            path: "workbench",
            component: () => import("@/views/workbench"),
    },
    {
            path: "order",
            component: () => import("@/views/order/index"),
    },
    {
            path: "/order-create",
            component: () => import("@/views/order/create"),
    },
    {
            path: "/order-detail",
            component: () => import("@/views/order/detail"),
    },
    {
            path: "customer",
            component: () => import("@/views/customer/index"),
    },
    {
            path: "/customer-create",
            component: () => import("@/views/customer/create"),
    },
    {
            path: "/customer-detail",
            component: () => import("@/views/customer/detail"),
    },
];

const dashboardC = {
    path: "/",
    redirect: "workbench",
    component: () => import("@/views/dashboard/index"),
    children: [...contentRouter],
};
```

```
const routes = [loginC, dashboardC];
const router = new VueRouter({
    routes,
});
export default router;
```

然后，我们查看 views 文件夹，里面存放了整个项目的业务页面内容，如图 4-4 所示。

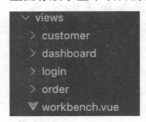

图 4-4　m-treasure 项目的 views 文件夹的内容

该项目目前从纵向视角分为两个部分：登录页和主体页面。主体页面按照横向拆分的思路，可分为顶部导航栏 headerNav、左侧导航栏 sidebar 以及内容区域 content，即 dashboard 文件夹内的内容，如图 4-5 所示。

图 4-5　m-treasure 项目的 dashboard 文件夹的内容

order（订单）、customer（客户）和 workbench（工作台）作为内容区域的路由展示。接下来，我们查看一下 order 文件夹的内容，如图 4-6 所示。

图 4-6　order 订单页面的基本结构

订单和客户页面实际上是相同的，基本上由列表页（index）、创建页（create）和详情页（detail）构成，主要用于实现后台管理系统中最常见的增删改查功能。

接下来，我们查看 m-treasure 项目的工作台页面，如图 4-7 所示。

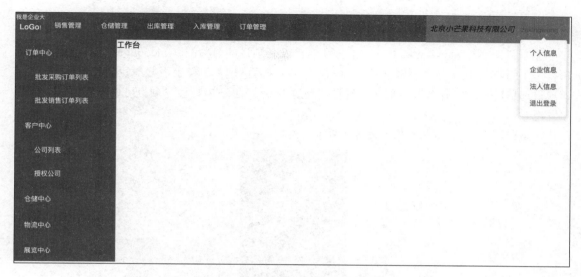

图 4-7　m-treasure 项目的工作台页面

单击订单列表菜单后，将进入订单列表页，如图 4-8 所示。

图 4-8　m-treasure 项目的订单列表页

新建和编辑将进入创建订单页面，查看功能则可以查看该订单的详情。客户页面与此一致。接下来，我们来看新项目的基本内容简介。

2. 新项目基本内容简介

新项目的名称为 zw-moonlight（后文所有涉及新项目的名称都以 moonlight 代替，即白月光项目），由于该项目是一个官网项目，老板希望可以在百度搜索引擎上更好地找到该项目，因此，该项目选择以 Nuxt3 作为基本的技术选型。通过 Nuxt3 的 SSR 特性，项目可以更好地被搜索引擎发现。

moonlight 项目的目录结构如图 4-9 所示。

图 4-9　zw-moonlight 项目的目录结构

其中，pages 文件夹是我们的展示页面。Nuxt 本身没有显式路由，它与单页面应用不同，不需要通过 JS 来显式地引入和配置 router。Nuxt 通过读取文件夹及文件的目录结构，隐性地自动生成路由文件，这为我们的开发带来了便利。

接下来，我们简单查看一下 components 和 pages 文件夹的内容，如图 4-10 所示。

图 4-10　components 和 pages 文件夹的内容

Components 文件夹中有两个组件：一个标题组件 header-nav 和一个产品卡片组件 product-card。这两个组件将应用于具体的展示页面，即 pages 文件夹下的文件。在 Nuxt3 中，components 文件夹下的组件会自动引入 pages 中，省去了手动引入组件的步骤，使我们的页面更加专注于业务。

接下来，我们查看一下展示页面的效果，如图 4-11 所示。

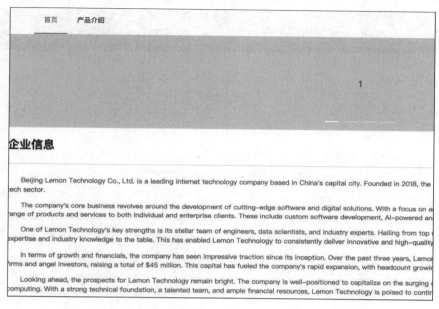

图 4-11　zw-moonlight 首页效果展示图

然后，我们可以通过导航切换到产品展示页，如图 4-12 所示。

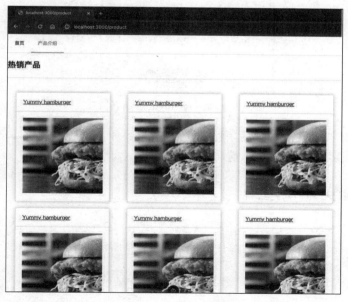

图 4-12　zw-moonlight 产品列表展示页

我们还可以通过单击该产品卡片进入产品详情页面，如图 4-13 所示。

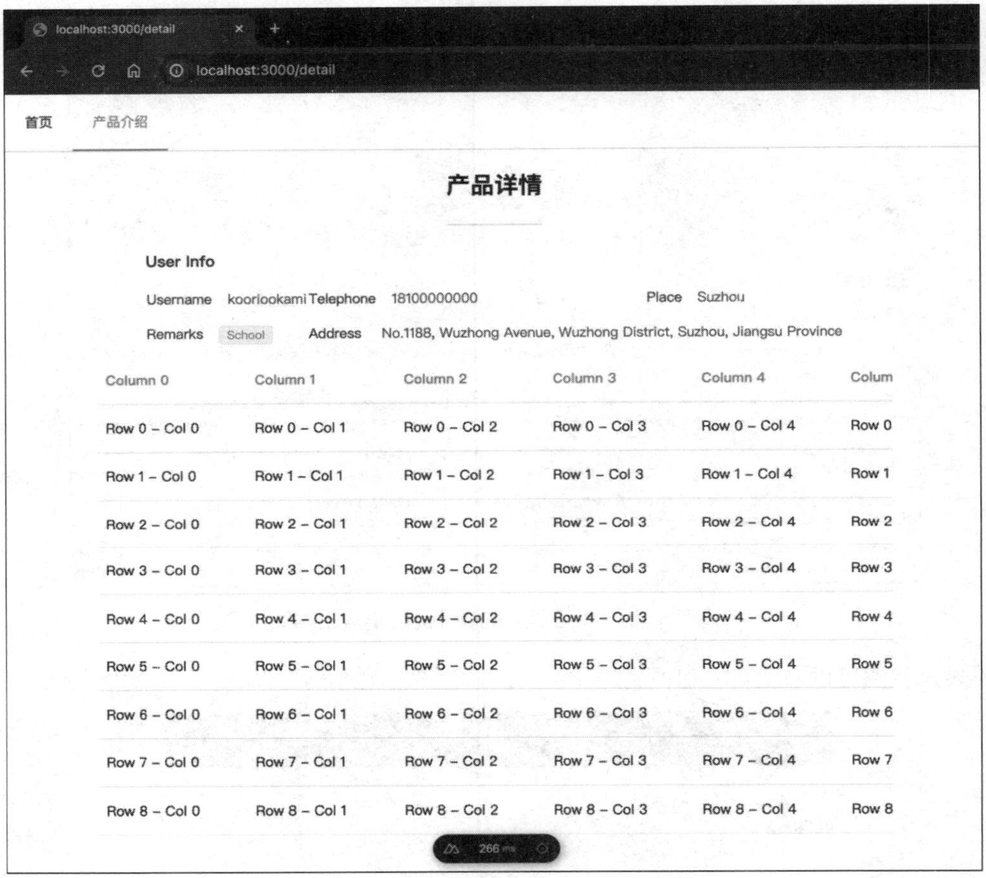

图 4-13　zw-moonlight 产品详情页

至此，我们完整、简单、快速地了解了 treasure 项目和 moonlight 项目，有了这两个项目作为基础，我们可以逐步展开后续的微前端内容。

4.1.3　理解服务器端渲染

在之前的内容中，笔者多次提及 SSR（服务器端渲染）这一术语。笔者首次接触这一概念时，也曾感到困惑和惊讶。因此，笔者认为有必要在这里详细阐述这一概念，以使读者更清晰地理解它的含义和重要性。

在深入探讨 SSR 这一概念之前，让我们回溯一下前端技术的早期时代，那时尚未出现如今众多的单页面应用框架。在那个时代，前端主要由 HTML 文件构成，辅以 CSS 和 JavaScript，所有内容都直接依附于 HTML，结构相对简单，缺乏如今复杂的中间工程化过程。

我们编写的 HTML、CSS 和 JavaScript 代码最终会被整合成一个文件夹，并通过 FTP 等方式传输到服务器或远程 CDN。当用户在浏览器中输入网站的地址时，实际上是通过 HTTP 请求获取服务器上存储的相应 HTML 文件。这一过程本质上就是早期的前端发布方式，也就是我们今天所说的 SSR。

这种发布方式的核心在于，所有内容的生成和处理都在服务器端完成。服务器接收到用户的请求后，动态生成完整的 HTML 页面，然后将它发送给客户端。这种方式使得页面的首次加载速度较快，因为用户无须等待客户端 JavaScript 的执行和渲染过程。

而到了三大框架争奇斗艳的前端时代，单页面应用广为人知并成为主流。通过 webpack 和其他一些工程化工具来打包，生成一个"轻 HTML 重 JS"的单页面应用。当我们按照类似的步骤访问对应的单页面应用时，实际上访问并不是对应的 HTML 页面，而是加载了一个完整的项目。所访问的页面是通过在浏览器环境中解析执行 JS 来生成的，这就是单页面应用的浏览器端渲染。这种方法虽然极大地方便了开发工作，但理论上，实际负责业务的开发者根本无须深入了解整个项目的全局架构。他们可以将注意力集中在自己负责的页面或模块上，专注于实现具体的业务逻辑和功能开发。

对于用户而言，他们可能仅希望访问一个页面，却不得不面对加载整个项目所带来的延迟。这不仅影响了加载速度，也使得搜索引擎优化（SEO）几乎变得不可能实现，这种做法似乎有些本末倒置。

当然，这并不是说单页面应用完全没有优势。如果它们只有缺点，也不会成为前端开发中的主流选择。单页面应用以其流畅的用户体验和高效的页面交互而受到青睐。然而，这种模式确实牺牲了一些关键能力，比如对 SEO 的支持和快速的页面加载。

因此，开发者们开始寻求解决方案，希望在享受单页面应用带来的便利性的同时，也能够实现 SEO 优化和早期网页应用那种快速响应的体验。这就需要我们在单页面应用框架的基础上，探索新的技术手段和策略，以恢复那些在传统 SSR 中被忽视的能力。

于是，单页面应用中的 SSR 设计应运而生。笔者刚接触这个词时感到困惑：服务器是如何渲染的？笔者理解的渲染是浏览器解析 HTML 文件，然后浏览器通过它内部的功能绘制页面。服务器又不是浏览器，它怎么能完成这些呢？直到后来的深入学习，笔者才明白，服务器端渲染其实就是让单页面应用的 JS 不在浏览器中执行。当我们请求一个 SSR 项目的地址时，服务器会执行本该在浏览器执行的 JS 文件，以生成对应的 HTML 页面。注意，这里的"页面"指的是 HTML 文件。也就是说，服务器代替浏览器执行和解析 JS 以生成 HTML 的过程。

此时，当请求对应的页面地址时，服务器会返回该页面的 HTML 字符串，浏览器则直接渲染 HTML 页面。这样的过程与早期的"三大件"时代非常类似。

既然如此，为什么还要用 Vue、React、Angular 等前端框架呢？直接"返祖"回到三大件时代，采用最简单、淳朴的方式开发不就可以了吗？费那么大力气干什么？

其实，这样想并非不可取。如果我们的项目十分小巧精致时，那么采用这种开发方式无可厚非。然而，假如你的项目有一亿个页面，还用三大件的方式将是一场灾难。现代流行的前端开发框架及其生态和工程，就是为了解决前端项目规模日益庞大的问题。

4.2　部署真实服务器

本节将把刚刚开发完的两个项目部署到服务器上，以便通过真实的域名在互联网上访问我们的项目。

4.2.1　前置资源

前端开发者在面试或学习时，应该遇到过一个十分有意义的面试题：从在浏览器中输入 URL 地址到页面显示，经历了哪些过程？该面试题几乎考察了与浏览器和 HTTP 请求过程相关的所有流程，通过该问题可以看出面试者对 Web 前端知识点广度的了解情况。

关于这个问题，我们可以稍作扩展：前端静态资源部署服务器的最简单步骤和所需资源有哪些？整个过程是怎样的？坦白来说，如果严格区分，这个问题并不完全归类于前端领域，它更多地涉及运维或后端工作。但笔者认为，这一既简单又必要的过程，实际上有助于加深读者对前端知识的理解和巩固。毕竟，所谓的前后端分离，仅仅是物理层面和开发流程上的区分。从理论上讲，整个互联网世界是一体的。

那么，假如想要通过域名来访问静态的前端页面，需要准备哪些资源呢？

核心的资源只有两个：域名和服务器。

1. 域名的购买

域名可以到各种云服务商网站上购买，过程十分简单，国内的可以选择腾讯云或阿里云。当你登录腾讯云控制台后，可以在控制台的工具栏中找到域名注册功能，然后按照引导购买即可。本书所示域名是在腾讯云购买的，如图 4-14 所示。

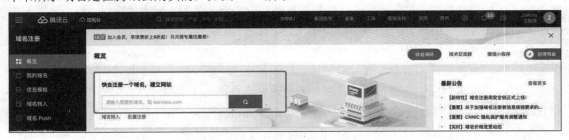

图 4-14　腾讯云域名注册导航图示

2. 服务器的购买

服务器的购买与域名的购买类似，现在大多数的服务器都是云服务器。与早期一些企业使用物理计算机和拥有自己的机房及运维人员不同，现如今大多数小企业和个人用户都会选择云服务器，以减少资源的占用。当然，服务器的本质仍然是物理机器，这是必然的。

本书的示例服务器是在阿里云购买的。在阿里云的云服务器 ECS 界面中，单击"立即购买"即可进入购买 ECS 的页面，如图 4-15 所示。

图 4-15　阿里云 ECS 购买入口的页面

然后，按照所需配置进行购买。通常，如果只是为了学习使用，1 核 1GB 或 1 核 2GB 的配置就足够了。操作系统选择的是 CentOS（CentOS 已停止维护，建议选择 Ubuntu），如图 4-16 所示。

图 4-16　阿里云 ECS 购买配置示例

当我们购买完服务器后，就可以通过设置好的账号和密码在控制台界面远程连接并登录服务器，如图 4-17 所示。

图 4-17 阿里云 ECS 服务器远程连接入口

单击"远程连接"后，输入之前设置的账号和密码，即可看到自己服务器的远程命令行界面，如图 4-18 所示。

图 4-18 阿里云 ECS 服务器的命令行界面

当然，如果你不会 Linux 命令也没关系，本书涉及的 Linux 知识很少，遇到相关内容时，笔者会做简单的解释。

4.2.2 域名解析及 Nginx 安装

我们已经筹备妥当了构建网站所需的基础条件，但这仅仅是一个开端。我们的首要步骤是执行域名解析，这一环节本质上就是将你的域名与服务器的 IP 地址关联起来。如此一来，用户便能够通过域名来访问你的服务器。尽管理论上你可以直接使用 IP 地址访问服务器，但拥有一个易于记忆的域名无疑会让用户的访问更为便捷。接下来，我们需要在服务器上安装 Nginx 代理服务器。Nginx 不仅能简化我们对服务器资源的访问流程，提升访问效率，还具备诸多其他优势，例如负载均衡、静态资源服务等。不过，在此我们仅作简要介绍，不再赘述。

通过这些步骤，我们不仅能够确保网站的可访问性，还能利用 Nginx 的高级功能来增强网站的性能和用户体验。

1. 域名解析步骤

域名解析并不复杂，可以在购买的域名云服务商的控制台进行设置。首先，登录某云服务商的账号后，进入域名的控制台（接下来以腾讯云为例），如图 4-19 所示。

图 4-19　腾讯云域名列表

这是笔者的域名列表，本书将使用 zaking.cn 这个域名作为项目的外网访问地址。然后，单击操作栏的"新手快速解析"按钮，进入下一步，如图 4-20 所示。

图 4-20　腾讯云域名解析

接下来，输入你的服务器 IP 地址即可，服务器 IP 地址可以在云服务器控制台的实例中找到，如图 4-21 所示。

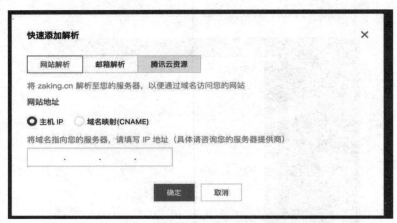

图 4-21　腾讯云域名快速解析

解析过程完成后，你的域名解析记录通常会默认新增两条记录，正如图 4-21 中展示的最后两条记录那样。尽管域名解析的设置基本完成，但有时可能会发现依然无法通过域名访问服务器。这种情况下，一个可能的原因是服务器的安全组配置尚未设置妥当，导致服务器的安全策略阻止了访问。关于服务器安全组的配置，我们将在后续内容中详细讨论。

2. 在服务器安装 Nginx

在服务器上安装代理服务器可能看起来是一个额外的步骤。你可能会问：为什么不直接通过域名解析到服务器的 IP 地址来访问服务器呢？这样做不是已经足够了吗？理由其实挺多的：

（1）Nginx 可以将静态资源（比如本书示例的前端代码）通过 HTTP 展示给客户端。

（2）Nginx 的核心作用是反向代理，通过反向代理可以实现虚拟主机及负载均衡。虚拟主机意味着同一个服务器可以作为多个主机使用，而负载均衡则意味着在访问量巨大的情况下，Nginx 可以将请求分发到不同的服务器，从而减轻服务器的压力。

接下来，看看如何在服务器上安装 Nginx。

首先，在服务器执行以下命令：

```
yum -y install gcc gcc-c++ autoconf pcre pcre-devel make automake openssl
openssl-devel
```

yum 是一个 CentOS 系统的包管理工具，可以类比为 Node.js 的 NPM，它们都是不同运行环境下的包管理工具。后面的那些是包名称，大致包括 C++、C 语言的编译环境以及一些工具。

安装完成后，会出现 Complete 作为结束的命令行提示。

然后，我们安装 Nginx。在安装 Nginx 之前，需要先指定 Nginx 的版本及下载源。通过 vi 命令编辑/etc/yum.repos.d/nginx.repo 文件：

```
vi /etc/yum.repos.d/nginx.repo
```

接下来，输入如下内容：

```
[nginx]
name=nginx repo
baseurl=http://nginx.org/packages/centos/7/$basearch/
gpgcheck=0
enabled=1
```

按 Esc 键，然后输入 ":wq" 以退出并保存。

最后，执行 Nginx 的安装命令：

```
yum install nginx -y //安装 nginx
nginx -v //查看安装的版本
nginx -V //查看编译时的参数
```

此时，我们可以通过 IP 地址访问服务器，通常会看到如图 4-22 所示的界面。

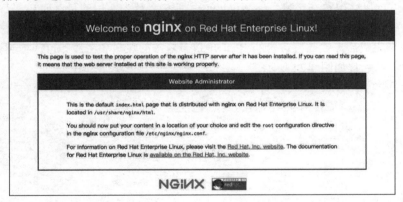

图 4-22　Nginx 安装成功界面

这说明 Nginx 安装成功了。实际上，这个界面是 Nginx 指向的一个默认的 HTML 页面，文件地址可以在 Nginx 的配置文件（config）中找到，即/etc/nginx/nginx.conf。稍后我们将修改该配置文件中的 root 地址。

可以通过 vi 编辑器查看其中的内容，如图 4-23 所示。

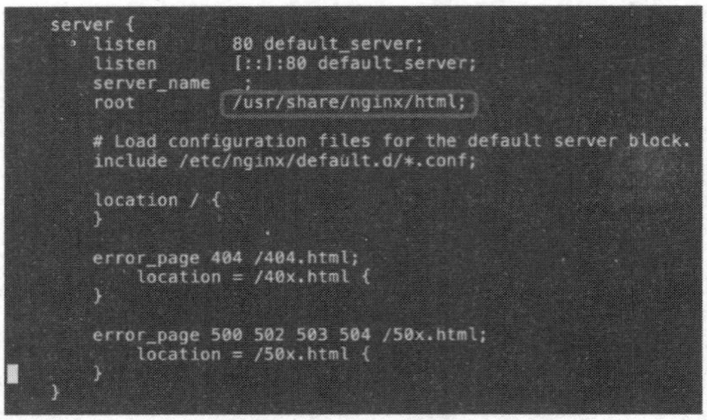

图 4-23　Nginx 配置文件的部分内容

至此，服务部分的配置就完成了。稍后，我们将把打包好的前端静态资源上传到服务器。

3. FTP 工具的使用

我们的前置工作基本上已经以最简单的步骤完成了，但仍需把静态资源放到服务器上。这个步骤如何进行呢？其中一种方法是通过 Jenkins 快速构建，将打包和部署一键搞定，但这种方法比较麻烦，下一节将详细讲述。

这里将通过 FTP 工具将本地打包构建好的静态资源包传输到服务器上的指定文件夹。实际上，FTP 工具可以自行搜索并安装。在 Windows 系统中，较为常用的是 XFTP，只需访问官网下载免费的学生或学习版本即可。至于 OS 系统，目前我们使用的是 ForkLift。

下载并安装完成后，输入服务器的 IP 地址以及对应的账号和密码即可连接到你的远程云服务器，看到的界面大致如图 4-24 所示。

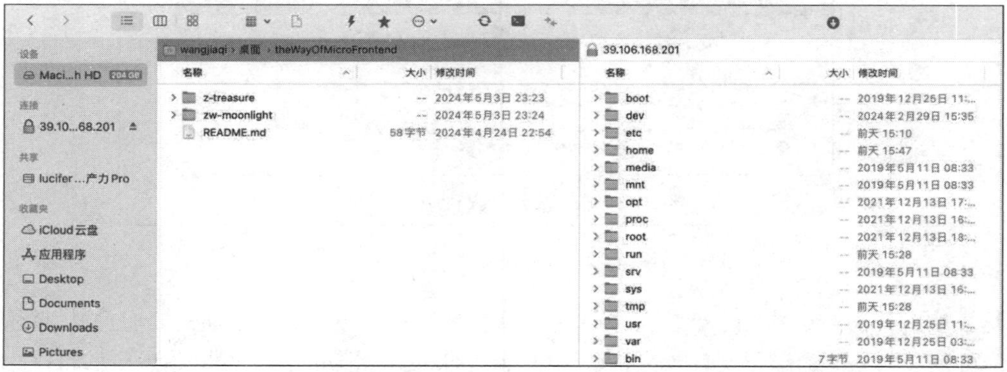

图 4-24　FTP 工具展示图

左侧是本地的文件资源列表，右侧是云服务器的资源列表。至此，我们所需的传输工具已准备就绪，FTP 工具可以让你快速地在本地和服务器之间传输文件。然后，我们在服务器的 var 文件夹下新建一个 www 文件夹，并把打包后的前端静态资源 dist 文件夹中的内容拖动到 www 文件夹下，如图 4-25 所示。

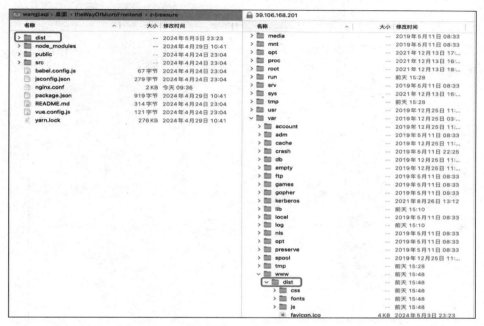

图 4-25　本地及云服务器资源列表展示

还记得之前的 Nginx 配置文件吗？我们需要稍微修改一下它的映射地址，将它更改为 /var/www/dist 这个目录，同时需要修改 location 的配置，将默认映射设置为 index.html 即可：

```
server {
    listen        80 default_server;
    listen        [::]:80 default_server;
    server_name  _;
    root         /var/www/dist;
    # Load configuration files for the default server block.
    include /etc/nginx/default.d/*.conf;

    location / {
        index    index.html;
    }
    error_page 404 /404.html;
    location = /40x.html {
    }
    error_page 500 502 503 504 /50x.html;
    location = /50x.html {
    }
}
```

修改配置文件后，还需要重启 Nginx 服务器：

```
sudo systemctl restart nginx
```

这样，我们所做的准备工作就完成了。打开浏览器，输入自己的域名，结果却出现了意外，如图 4-26 所示。

图 4-26　阿里云域名备案提示

要在外网访问域名网站，必须进行备案。整个备案过程相对简单，只需上传个人信息和承诺，然后等待云服务商确认，再经过管局的确认和审核即可。请注意，管局的审核时间可能比较长，需要耐心等待。当然，如果只是出于学习目的而不需要域名，可以直接通过 IP 地址进行访问，如图 4-27 所示。

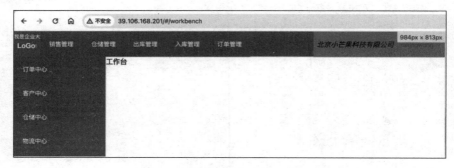

图 4-27　通过 IP 地址访问站点

至此，整个服务器的简单部署已经完成。

4.3　Jenkins 持续构建

通过简单的 FTP 工具，我们已成功将前端静态资源文件部署到服务器上。在对 Nginx 配置进行修改后，现在可以通过域名（或 IP 地址）访问已打包好的前端项目。

这样的过程虽然略显原始，但并非坏事。对于规模不大、技术人员有限的公司或个人而言，建议尽量保持简单操作。然而，在现代企业和实际应用场景中，几乎都会选择基于 Jenkins 来构建一个能够实现持续集成的项目。这样做可以减少人为错误，使部署过程更加自动化。

4.3.1　了解 Jenkins 与持续构建

持续集成（Continuous Integration，简称 CI）意味着在代码变动后自动拉取代码库中的代码后，执行用户预定义的脚本，通过一系列编译操作构建出制品，并将制品推送到制品库中。这里的自动拉取代码指的是，当我们把变更推送（push）或合并（merge）到某一分支后，可以自动发现变更，类似于 Vue 中的 Watch，可以观测到某一分支是否变动。而一系列的编译操作意味着，在监测到代码变化后，通过编译、打包、压缩、格式化、单元测试等自动执行的脚本生成最终的制品。在前端范畴，这里的制品指的是最终产出的静态文件。

常用的 CI 工具包括 GitLab CI、GitHub CI、Jenkins 等。这一环节不参与部署，只负责构建代码，并保存构建物，构建物被称为制品，保存制品的地方被称为制品库。

另外，我们来了解什么是持续部署和持续交付，它们可以统称为 CD（Continuous Deployment 和 Continuous Delivery）。持续交付的概念是：将制品库中的制品提取出来，部署到某一环境，交付给客户测试或使用等。持续部署则是将制品自动部署到生产环境。因此，持续部署和持续交付的含义类似，只是对象不同。其区别在于，持续交付对生产环境的部署仍然需要手动确认，而持续部署实现了部署过程的自动化。

持续集成、持续部署和持续交付统称为 CICD。它们属于 DevOps 的概念，旨在将传统开发过程中的代码构建、测试、部署及基础设施配置等一系列流程的人工干预转变为自动化，尽可能减少人为操作导致的非代码问题。

Jenkins 是一款广受欢迎且广泛使用的 CICD 开源软件，它通过插件支持构建、部署和自动化，能够满足各种项目的需求。作为基于 Java 语言开发的持续集成与交付工具平台，Jenkins 能够执行预设的配置和构建脚本，并与 Git 代码库集成，实现构建的自动触发和定时触发。简而言之，只要是 CICD 的需求，Jenkins 都是不二之选。

4.3.2　Jenkins 在服务器上的安装

我们可以在 Linux 官网上的 installing Jenkins 部分找到各个不同 Linux 系统的 Jenkins 安装方法，不同 Linux 系统的安装方法可能稍有不同。下面以 Red Hat CentOS 系统为例，演示 Jenkins 的安装。

我们可以直接复制以下命令进行 Jenkins 的安装：

```
sudo wget -O /etc/yum.repos.d/jenkins.repo \
    https://pkg.jenkins.io/redhat-stable/jenkins.repo
sudo rpm --import https://pkg.jenkins.io/redhat-stable/jenkins.io-2023.key
sudo yum upgrade
# Add required dependencies for the jenkins package
sudo yum install fontconfig java-17-openjdk
sudo yum install jenkins
sudo systemctl daemon-reload
```

安装期间需要输入 y 进行确认，等候 Java、Jenkins 及一些依赖包的安装完成，包的数量较多，因此可能需要等待一段时间。然后，你会看到熟悉的 Complete 提示信息，说明安装成功。

当你执行"sudo yum install fontconfig java-17-openjdk"命令时，可能会出现如下错误提示信息：

```
CentOS Linux 8 - AppStream        66 B/s | 38 B      00:00
Error: Failed to download metadata for repo 'appstream': Cannot prepare
internal mirrorlist: No URLs in mirrorlist
```

其原因是服务器上没有配置镜像，或镜像地址已经不再维护。我们需要依次执行以下命令，以更改服务器文件的镜像地址（当然，如果使用的是 Ubuntu 系统，可能不会出现这样的问题）：

```
sed -i 's/mirrorlist/#mirrorlist/g' /etc/yum.repos.d/CentOS-*
```

然后输入如下内容：

```
sed -i
's|#baseurl=http://mirror.centos.org|baseurl=http://vault.centos.org|g'
/etc/yum.repos.d/CentOS-*
```

我们再更新缓存即可：

```
yum makecache
```

这些步骤完成后，再执行上面安装 Java 的命令，就可以看到安装成功的提示信息。接下来，继续执行后续安装 Jenkins 的命令即可。

安装完 Jenkins 后，执行以下命令：

```
sudo systemctl enable jenkins  #开机自动启动 Jenkins
```

```
sudo systemctl start jenkins      #启动 Jenkins
sudo systemctl status jenkins     #查看 Jenkins 服务状态
```

我们可以直接通过 start 命令来启动 Jenkins，然后通过 IP 访问 8080 端口即可（如果你的备案通过了，就可以直接通过域名来访问），如图 4-28 所示。

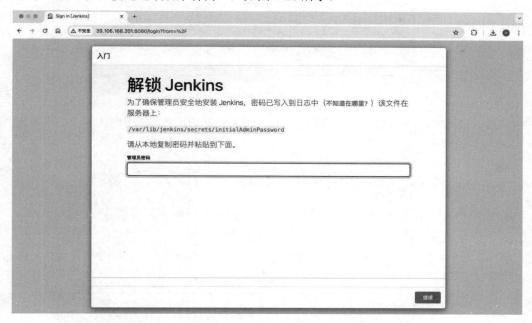

图 4-28　Jenkins 安装成功，然后通过 IP 访问 8080 端口后的页面显示

此时，如果仍无法在服务器上访问 Jenkins，可参照官网关闭防火墙并开放 8080 端口的操作示例，或者检查云服务器厂商的安全组策略配置。

4.3.3　Jenkins 工作流的简单实现

在 4.3.2 节中，我们完成了在服务器上安装 Jenkins 的步骤，本节将主要介绍如何配置 Jenkins 以实现自动化构建的流程。

由图 4-28 可知，Jenkins 已成功启动并且可以访问。Jenkins 需要输入服务器上某一文件中的密码，我们找到并输入即可，如图 4-28 所示。可以通过如下命令查找到密码：

```
vi /var/lib/jenkins/secrets/initialAdminPassword
```

输入密码并确认后，会看到如图 4-29 所示的界面。

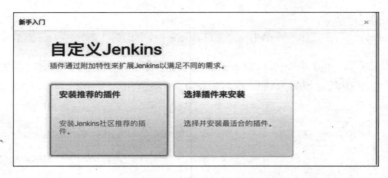

图 4-29　Jenkins 初始化入口

此时，如果你的网速足够快，可以直接单击"安装推荐的插件"。否则，可以在服务器中执行以下命令修改镜像地址，以加快安装速度：

```
sed -i
's/http:\/\/updates.jenkins-ci.org\/download/https:\/\/mirrors.tuna.tsinghua.
edu.cn\/jenkins/g' /var/lib/jenkins/updates/default.json && sed -i
's/http:\/\/www.google.com/https:\/\/www.baidu.com/g'
/var/lib/jenkins/updates/default.json
```

执行完上述命令后，直接单击"安装推荐的插件"，并等待安装完成。安装完成后，Jenkins会提示我们创建管理员账户，按照个人偏好进行设置即可，如图 4-30 所示。

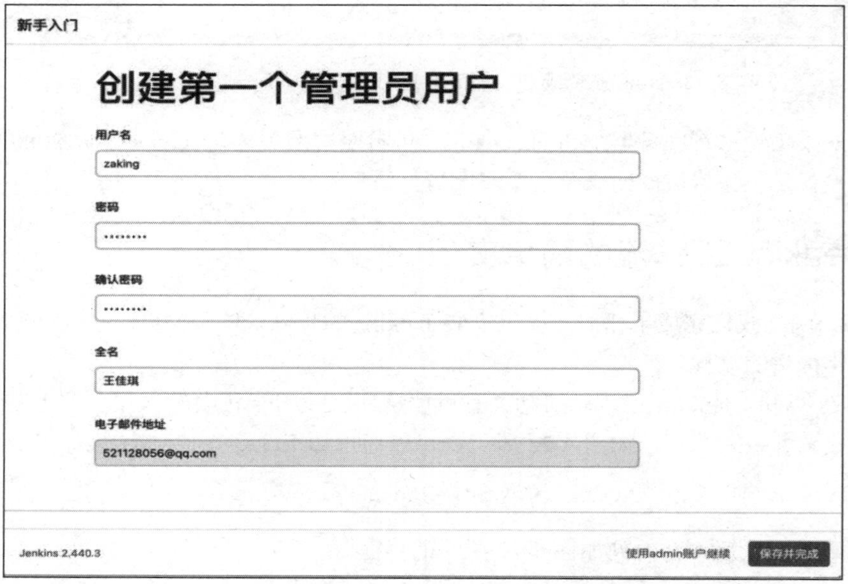

图 4-30　Jenkins 管理员账号的设置

然后，依次单击"下一步"按钮，即可进入默认的控制台界面，如图 4-31 所示。

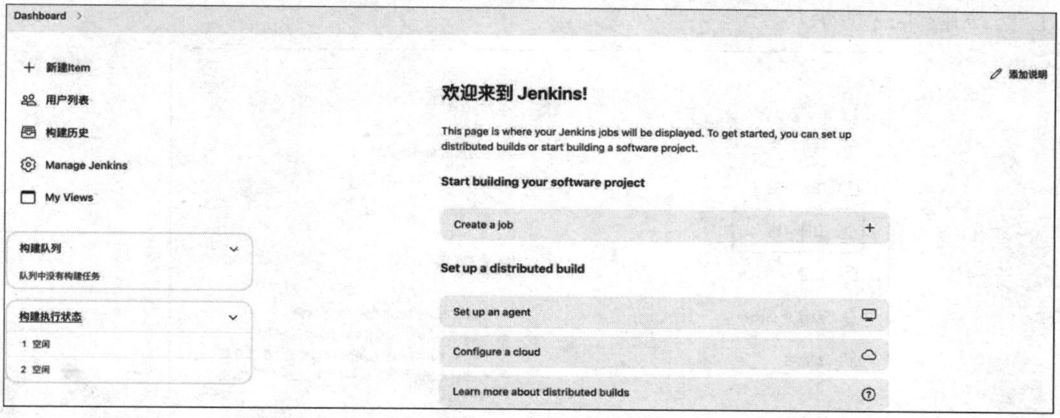

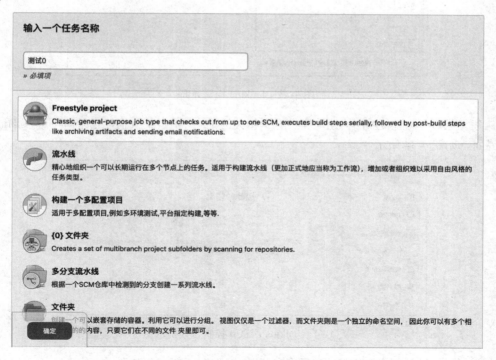

图 4-31　Jenkins 控制台展示

单击左侧的"新建 Item"，然后输入名称"测试 0"，并选择 Freestyle project，如图 4-32 所示。

图 4-32　Jenkins 新建 Item

单击"确定"按钮，随便输入一些描述，然后单击"保存"按钮。接着，单击左侧的"立即构建"，如图 4-33 所示。

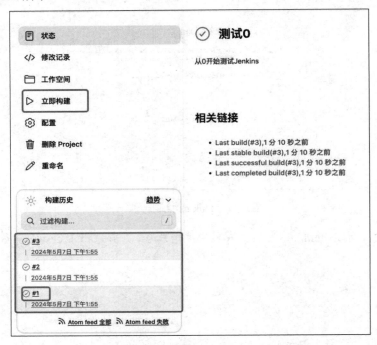

图 4-33　Jenkins 构建界面

构建完成后，我们可以在构建历史中看到相关的记录，单击某条构建记录即可进入该记录的详情界面，如图 4-34 所示。

图 4-34　Jenkins 测试 0 控制台输出示例

此时可以通过控制台输出选项查看具体的输出结果。至此，我们已经成功执行了一个 Jenkins 项目。然而，这仅仅是基础，Jenkins 的安装和简单使用示例已完成，但这远远不够。

4.3.4　利用 Jenkins 拉取代码及发布

目前，我们的目标是让 Jenkins 能够自动化地从 GitHub 上拉取代码到本地环境，并将构建好的 dist 文件夹内容部署到服务器的/var/www/目录下。这样的流程将使我们的发布和部署变得更加自动化和高效。

然而，目前我们还未实现两个关键功能：一是通过 Jenkins 在服务器上自动打包代码；二是通过监控 GitHub 的代码变动，自动将更新拉取到服务器并进行打包和发布。简而言之，我们需要实现自动打包和自动拉取代码的功能。

虽然这些功能目前还未完成，因为需要一些额外的技术手段。我们将这些需求暂时搁置，在后续内容中将详细探讨和实现这些功能。届时，我们将深入讨论并解决这些技术挑战，进一步完善自动化部署流程。

1. 通过 Jenkins 拉取 GitHub 项目到服务器

首先，我们需要在服务器上安装 Git：

```
yum install git
```

然后可以通过以下命令确认 Git 是否安装成功：

```
git --version
```

当看到 Git 的版本号显示时，说明安装成功，如图 4-35 所示。

接下来，回到 Jenkins 的 Dashboard 控制台，单击相应的项目名称，进入 4.3.3 节中创建的"测试 0"用例，然后单击"配置"按钮，进入之前的配置界面，如图 4-36 所示。

图 4-35　服务器安装 Git 并查看 Git 版本信息及位置信息

图 4-36　Jenkins 的"测试 0"配置入口

勾选"GitHub 项目"复选框，并输入 GitHub 项目的 URL 地址，如图 4-37 所示（注意，这不是 Git clone 后面的地址），具体如图 4-38 所示。

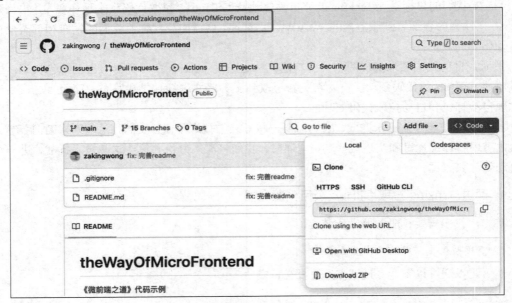

图 4-37　GitHub 项目地址

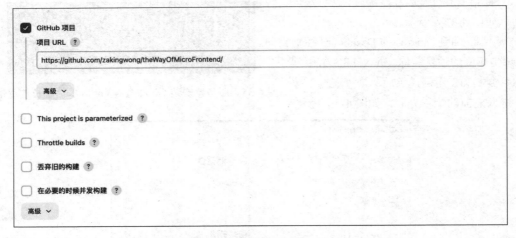

图 4-38　Jenkins 配置 GitHub 项目地址

在源码管理中选择 Git，输入 Git clone 的地址，然后填写指定分支。通常，这个指定的分支是需要自动化执行的分支，例如 test、prd 等。这里以 section4 为例，如图 4-39 所示。

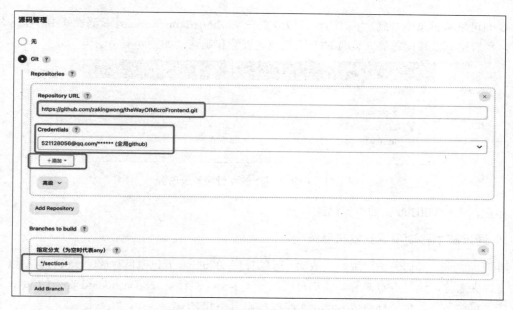

图 4-39　Jenkins 配置 Git 项目路径

在选择 Credentials 后，需要单击"添加"按钮，输入登录 GitHub 时的账号和密码即可。当然，我们也可以选择通过 SSH 登录，而不使用账号和密码，这部分内容会在后面有必要时再讲述，当前并不是十分重要。完成输入后，点击保存。保存完成后，如图 4-33 所示，按照之前的步骤查看日志，如图 4-40 所示。

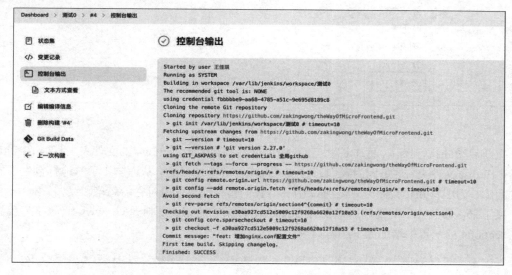

图 4-40　Jenkins 下载 GitHub 项目到服务器

我们可以从日志中看到，下载的项目被放置在/var/lib/jenkins/workspace/测试 0 中。在这个目录下，我们也可以通过之前安装的 FTP 工具快速查看和确认，如图 4-41 所示。

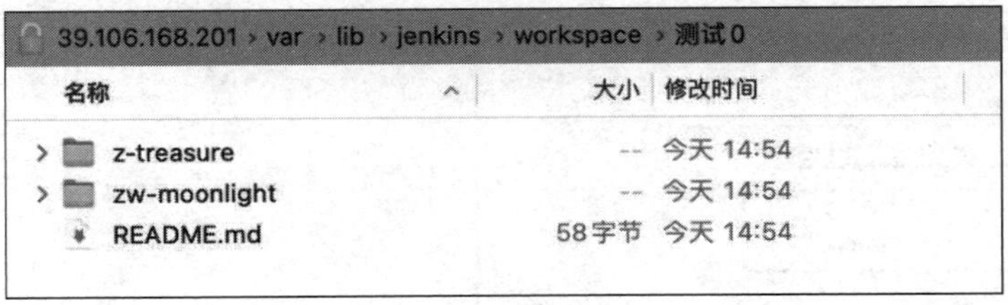

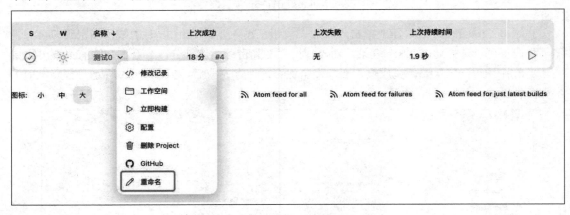

图 4-41　FTP 工具下的项目路径及内容

至此，下载 GitHub 上的项目已经完成。

2. 通过脚本移动项目到发布目录

在开始之前，我们先稍微做一些改动。可以看到，Jenkins 下载项目存放的 workspace 以 item 作为文件夹名称，这样有点难看，我们可以改一下 item 的名称。在 Dashboard 对应的 item 名称下单击"重命名"，把名称改成 section4 即可，如图 4-42 所示。

图 4-42　Jenkins item 重命名

重新启动并执行操作。通过 FTP 工具，应该能够看到名为 section4 的文件夹。目前，在 GitHub 上不存在 dist 文件夹，这是因为我们通过.gitignore 文件忽略了它，从而防止了本地打包生成的制品被上传。为了将 dist 文件夹上传到 GitHub，我们暂时需要取消对它的忽略。

接下来，修改一下配置，把下载的 z-treasure 目录下的 dist 复制到/var/www/目录下。我们直接在 section4 的配置中增加如下脚本命令：

```
cp -r /var/lib/jenkins/workspace/section4/z-treasure/dist /var/www/
```

在增加构建步骤中选择"执行 shell"，如图 4-43 所示。

图 4-43　Jenkins 配置 shell 脚本入口

然后把上面的代码复制进来即可，如图 4-44 所示。

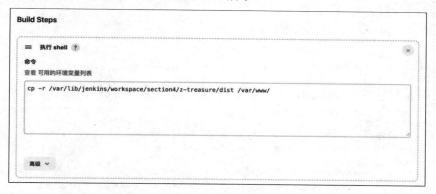

图 4-44　Jenkins 配置 shell 脚本

单击"立即构建"按钮，不出意外会报错，如图 4-45 所示。

```
+ cp -r /var/lib/jenkins/workspace/section4/z-treasure/dist /var/www/
cp: cannot create regular file '/var/www/dist/favicon.ico': Permission denied
cp: cannot create regular file '/var/www/dist/index.html': Permission denied
cp: cannot create regular file '/var/www/dist/css/147.8c543b14.css': Permission denied
cp: cannot create regular file '/var/www/dist/css/249.322fd168.css': Permission denied
cp: cannot create regular file '/var/www/dist/css/285.f1bcdef1.css': Permission denied
cp: cannot create regular file '/var/www/dist/css/290.0e5e0f4f.css': Permission denied
cp: cannot create regular file '/var/www/dist/css/498.9b3e9c42.css': Permission denied
cp: cannot create regular file '/var/www/dist/css/601.1759f117.css': Permission denied
cp: cannot create regular file '/var/www/dist/css/741.7e73881d.css': Permission denied
cp: cannot create regular file '/var/www/dist/css/986.2f0fb4f9.css': Permission denied
cp: cannot create regular file '/var/www/dist/css/app.8fc58266.css': Permission denied
cp: cannot create regular file '/var/www/dist/css/chunk-vendors.10dd4e95.css': Permission denied
cp: cannot create regular file '/var/www/dist/fonts/element-icons.f1a45d74.ttf': Permission denied
cp: cannot create regular file '/var/www/dist/fonts/element-icons.ff18efd1.woff': Permission denied
cp: cannot create regular file '/var/www/dist/js/117.261bb077.js': Permission denied
cp: cannot create regular file '/var/www/dist/js/117.261bb077.js.map': Permission denied
cp: cannot create regular file '/var/www/dist/js/147.858b872a.js': Permission denied
```

图 4-45　执行文件操作脚本报错时的部分信息

错误提示信息告知我们没有复制文件的权限，所以需要在服务器上调整一下权限。首先，修改目的文件夹的权限：

```
sudo chmod -R 775 /var/www
```

以上命令中的 775 表明所有者和所属组拥有读写和执行的权限，而其他用户没有写权限。接着，将该目录的所有者和所属组修改为 jenkins：

```
sudo chown -R jenkins:jenkins /var/www
```

然后，执行 project item 即可。此时，已经可以执行成功了，但我们看不到变化。稍微修改一下页面再提交，直接在 App.vue 中添加一些文字：

```
<template>
  <div id="app">
    jenkins 测试
    <router-view></router-view>
  </div>
</template>
```

然后，本地打包并上传到 GitHub，再启动一下 Jenkins 的 section4，如图 4-46 所示。

```
Started by user 王佳琪
Running as SYSTEM
Building in workspace /var/lib/jenkins/workspace/section4
The recommended git tool is: NONE
using credential fbbbbbe9-aa68-4785-a51c-9e695d8189c8
 > git rev-parse --resolve-git-dir /var/lib/jenkins/workspace/section4/.git # timeout=10
Fetching changes from the remote Git repository
 > git config remote.origin.url https://github.com/zakingwong/theWayOfMicroFrontend.git # timeout=10
Fetching upstream changes from https://github.com/zakingwong/theWayOfMicroFrontend.git
 > git --version # timeout=10
 > git --version # 'git version 2.27.0'
using GIT_ASKPASS to set credentials 全局github
 > git fetch --tags --force --progress -- https://github.com/zakingwong/theWayOfMicroFrontend.git
+refs/heads/*:refs/remotes/origin/* # timeout=10
 > git rev-parse refs/remotes/origin/section4^{commit} # timeout=10
Checking out Revision dc4b4c8157ed18e5058b3eabe8946f76cb75cee8 (refs/remotes/origin/section4)
 > git config core.sparsecheckout # timeout=10
 > git checkout -f dc4b4c8157ed18e5058b3eabe8946f76cb75cee8 # timeout=10
Commit message: "fix: 增加jenkins测试文字"
 > git rev-list --no-walk 73ce631cc157f231dcf9b5f096069672528329c5 # timeout=10
[section4] $ /bin/sh -xe /tmp/jenkins4992741906108970043.sh
+ cp -r /var/lib/jenkins/workspace/section4/z-treasure/dist /var/www/
Finished: SUCCESS
```

图 4-46　增加测试字段后的打包文件内容

然后刷新页面，就可以看到新增的测试文字了，如图 4-47 所示。

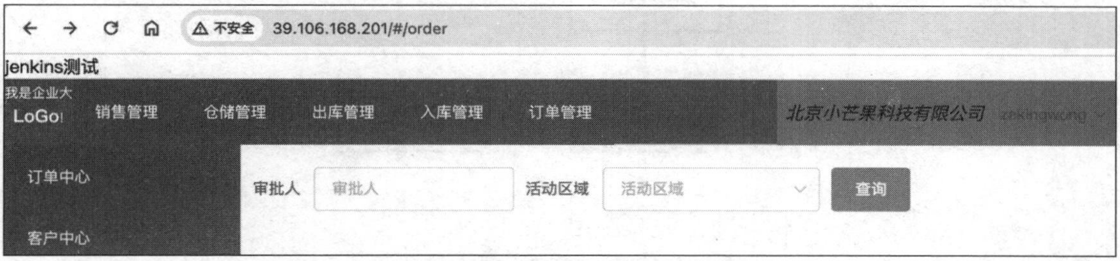

图 4-47　增加测试字段后的外网界面

至此，Jenkins 的简易部署流程就完成了。

4.4　Docker 的简单使用

要使软件顺利运行，首先必须确保操作系统的正确设置。此外，还需要依赖各种组件和库的正确安装。例如，要运行一个 Vue 项目，或者安装一款游戏，如果缺少如 VC、DirectX 等必要的插件，那么软件肯定无法运行。

虚拟机是一种带环境安装的解决方案，它可以实现在一种操作系统中运行另一种操作系统，但是，虚拟机的缺点也十分明显：资源占用多、冗余步骤多、启动速度慢。由于虚拟机存在这些令人诟病的缺点，Linux 发展出了另一种虚拟化技术——Linux Containers，即 Linux 容器，缩写为 LXC。

Linux 容器并没有虚拟出一个完整的操作系统，而是对进程进行隔离。或者说，在正常进程的外面套了一层保护层。对于容器中的进程来说，它接触到的各种资源都是虚拟的，从而可以实现与底层系统的隔离。Linux 容器的优点也十分明显：体积小、启动快、资源占用极少。

Docker 属于 Linux 容器的一种封装，提供简单易用的容器接口。它是目前最流行的 Linux 容器解决方案。Docker 将应用程序与该程序的依赖打包到一个文件中。运行这个文件就会生成一个虚拟容器。程序在这个虚拟容器中运行，就好像在真实的物理机上运行一样。

同时，Docker 的应用场景也十分广泛，比如单项目打包、整套项目打包、新开源技术、环境一致性、持续集成、微服务、弹性伸缩等。

下面了解 Docker 的结构体系，如图 4-48 所示。

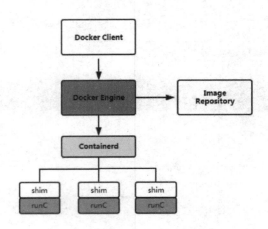

图 4-48　Docker 结构体系

Docker 通过 Docker Client 客户端发送指令，驱动 Docker Engine 引擎来启动容器，然后通过 Containerd 来管理对应容器的内容。shim 只用来管理每个独立的容器，通过 runC 这个轻量级的工具来启动容器。在启动容器时，可能会到 Image Repository 镜像仓库中获取对应的依赖。

4.4.1　Docker 的安装

首先，Docker 在版本类型上分为企业版和社区版，一般使用社区版就可以了，企业版是付费的。它的安装文档地址为 https://docs.docker.com/engine/install/centos/。

我们先安装 Docker 的依赖：

```
sudo yum install -y yum-utils device-mapper-persistent-data lvm2
```

再设置一下安装源：

```
sudo yum-config-manager --add-repo
https://download.docker.com/linux/centos/docker-ce.repo
```

然后，就可以执行安装 Docker 的命令了：

```
sudo yum install docker-ce docker-ce-cli containerd.io docker-buildx-plugin
docker-compose-plugin
```

安装完成之后，我们看一下 Docker 的常用命令：

```
# 启动 Docker
systemctl start docker
# 查看 Docker 信息
docker version
docker info
```

```
# 卸载 docker
yum remove docker
# 删除 docker 相关的文件夹
rm -rf /var/lib/docker
```

我们可以执行 docker version 或 docker info 命令进行确认，如图 4-49 所示。

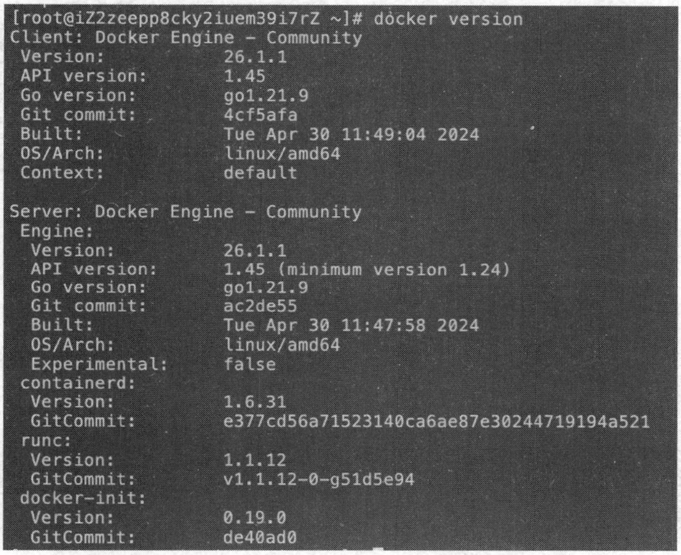

图 4-49 docker version 输出结果示例

这样就说明 Docker 已经安装成功。

我们也可以把相关的软件依赖改成阿里云的镜像地址，这样下载时会快一些：

```
# 创建一个文件
sudo mkdir -p /etc/docker
# 写入一些配置
sudo tee /etc/docker/daemon.json <<-'EOF'
{
  "registry-mirrors": ["https://fwvjnv59.mirror.aliyuncs.com"]
}
EOF
# 重载所有修改过的配置文件
# daemon-reload: 重新加载某个服务的配置文件
sudo systemctl daemon-reload
sudo systemctl restart docker
```

4.4.2　Docker 的基本概念

目前，Docker 已经完好地安装在服务器上，我们需要先了解 Docker 的一些基本概念。

1. Docker 镜像

Docker 把应用程序及其依赖打包在 image 镜像文件中，只有通过这个文件才能生成 Docker 容器。image 镜像文件可以视为容器的模板。Docker 根据 image 镜像文件生成容器的实例。同一个 image 镜像文件可以生成多个同时运行的 image 实例。镜像文件不是一个单一的文件，而是一个多层次的结构。容器其实是在 image 镜像的最上面一层加了一层读写层。在运行容器中进行的任何文件改动都会写入这个读写层。如果容器删除了，最上面的读写层也会被删除，改动也就会丢失。

我们可以把镜像理解为一个软件的运行环境，有了这个运行环境，软件才能运行。我们可以通过以下命令来展示所有镜像的信息：

```
docker image ls
```

在当前示例服务器上的输出结果如图 4-50 所示。

```
[root@iZ2zeepp8cky2iuem39i7rZ ~]# docker image ls
REPOSITORY                TAG        IMAGE ID        CREATED         SIZE
quay.io/outline/shadowbox stable     4d7319b73269    2 months ago    316MB
containrrr/watchtower     latest     dd78a816fb76    3 years ago     16.4MB
[root@iZ2zeepp8cky2iuem39i7rZ ~]#
```

图 4-50　Docker 镜像列表命令输出结果

其中各字段含义如表 4-1 所示。

表4-1　镜像列表输出字段的含义

字　　段	含　　义
REPOSITORY	仓库地址
TAG	标签
IMAGE_ID	镜像 ID
CREATED	创建时间
SIZE	镜像大小

我们还可以通过 search 命令来查询某个具体镜像的信息：

```
docker search [imageName]
```

例如，搜索 centos 这个镜像，输出结果如图 4-51 所示。

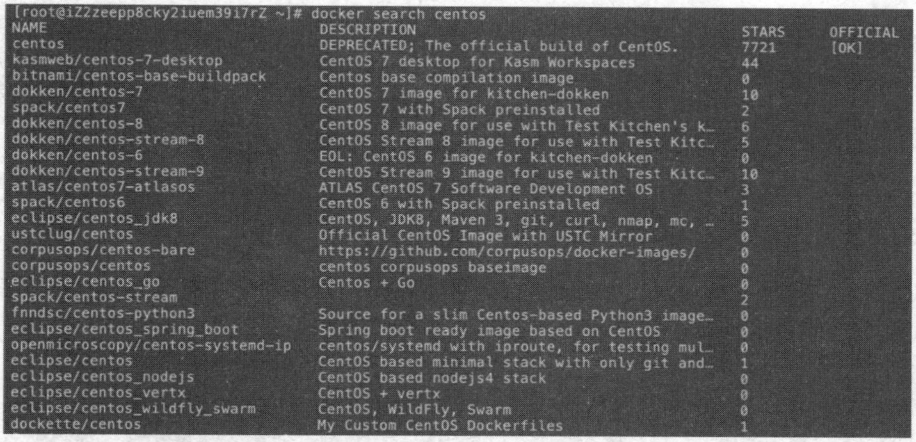

```
[root@iZ2zeepp8cky2iuem39i7rZ ~]# docker search centos
NAME                                DESCRIPTION                                      STARS     OFFICIAL
centos                              DEPRECATED; The official build of CentOS.        7721      [OK]
kasmweb/centos-7-desktop            CentOS 7 desktop for Kasm Workspaces             44
bitnami/centos-base-buildpack       Centos base compilation image                    0
dokken/centos-7                     CentOS 7 image for kitchen-dokken                10
spack/centos7                       CentOS 7 with Spack preinstalled                 2
dokken/centos-8                     CentOS 8 image for use with Test Kitchen's k…    6
dokken/centos-stream-8              CentOS Stream 8 image for use with Test Kitc…    5
dokken/centos-6                     EOL: CentOS 6 image for kitchen-dokken           0
dokken/centos-stream-9              CentOS Stream 9 image for use with Test Kitc…    10
atlas/centos7-atlasos               ATLAS CentOS 7 Software Development OS           3
spack/centos6                       CentOS 6 with Spack preinstalled                 1
eclipse/centos_jdk8                 CentOS, JDK8, Maven 3, git, curl, nmap, mc, …    5
ustclug/centos                      Official CentOS Image with USTC Mirror           0
corpusops/centos-bare               https://github.com/corpusops/docker-images/      0
corpusops/centos                    centos corpusops baseimage                       0
eclipse/centos_go                   Centos + Go                                      0
spack/centos-stream                                                                  2
fnndsc/centos-python3               Source for a slim Centos-based Python3 image…    0
eclipse/centos_spring_boot          Spring boot ready image based on CentOS          0
openmicroscopy/centos-systemd-ip    centos/systemd with iproute, for testing mul…    0
eclipse/centos                      CentOS based minimal stack with only git and…    1
eclipse/centos_nodejs               CentOS based nodejs4 stack                       0
eclipse/centos_vertx                CentOS + vertx                                   0
eclipse/centos_wildfly_swarm        CentOS, WildFly, Swarm                           0
dockette/centos                     My Custom CentOS Dockerfiles                     1
```

图 4-51　centos 镜像查找结果

其中，STARS 表示星级评分，OFFICIAL 表示是否为官方镜像源。

我们可以通过 pull 命令拉取刚才搜索到的 centos 镜像：

```
docker pull centos
```

还可以通过 ls 命令查看当前服务器上有哪些镜像，如图 4-52 所示。

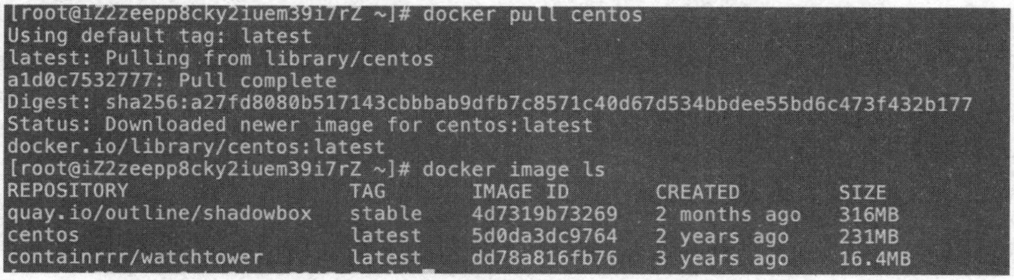

```
[root@iZ2zeepp8cky2iuem39i7rZ ~]# docker pull centos
Using default tag: latest
latest: Pulling from library/centos
a1d0c7532777: Pull complete
Digest: sha256:a27fd8080b517143cbbbab9dfb7c8571c40d67d534bbdee55bd6c473f432b177
Status: Downloaded newer image for centos:latest
docker.io/library/centos:latest
[root@iZ2zeepp8cky2iuem39i7rZ ~]# docker image ls
REPOSITORY                  TAG       IMAGE ID       CREATED         SIZE
quay.io/outline/shadowbox   stable    4d7319b73269   2 months ago    316MB
centos                      latest    5d0da3dc9764   2 years ago     231MB
containrrr/watchtower       latest    dd78a816fb76   3 years ago     16.4MB
```

图 4-52　服务器镜像列表

现在本地比之前多了一个 centos 镜像，我们可以下载一个示例镜像：

```
docker pull docker.io/hello-world
```

安装成功后，可以通过 rmi 命令删除该镜像：

```
docker rmi hello-world
```

2. Docker 容器

使用 docker run 命令可以从 image 镜像文件中生成一个正在运行的容器实例。该命令具有自动抓取 image 镜像文件的功能，如果发现本地没有指定的 image 文件，就会从仓库自动抓取。输出提示后，实例就会停止运行，容器自动终止。当然，并不是所有的容器都会自动终止。通过 image 镜像文件生成的容器实例本身也是一个文件，被称为容器文件。生成了容器后，会同时存在两个文件，即 image 镜像文件和容器文件。关闭容器并不会删除容器文件，只是停止容器的运行。

我们可以先执行以下命令：

```Bash
docker run ubuntu /bin/echo 'hello world'
```

这句话的意思是，通过 ubuntu 镜像生成一个容器，在该容器中，脚本输出"hello world"。该命令执行后会有如图 4-53 所示的输出。

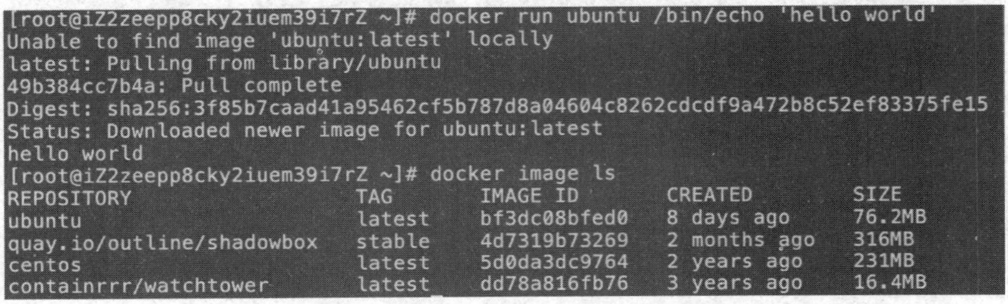

```
[root@iZ2zeepp8cky2iuem39i7rZ ~]# docker run ubuntu /bin/echo 'hello world'
Unable to find image 'ubuntu:latest' locally
latest: Pulling from library/ubuntu
49b384cc7b4a: Pull complete
Digest: sha256:3f85b7caad41a95462cf5b787d8a04604c8262cdcdf9a472b8c52ef83375fe15
Status: Downloaded newer image for ubuntu:latest
hello world
[root@iZ2zeepp8cky2iuem39i7rZ ~]# docker image ls
REPOSITORY                    TAG       IMAGE ID       CREATED        SIZE
ubuntu                        latest    bf3dc08bfed0   8 days ago     76.2MB
quay.io/outline/shadowbox     stable    4d7319b73269   2 months ago   316MB
centos                        latest    5d0da3dc9764   2 years ago    231MB
containrrr/watchtower         latest    dd78a816fb76   3 years ago    16.4MB
```

图 4-53　容器运行输出结果

可以看到，Docker 首先告诉我们本地没有这个镜像，然后通过"pull ubuntu"下载 ubuntu 镜像。下载完成后，容器输出"hello world"并结束。我们可以再通过 ls 命令查看当前有哪些本地镜像，发现多了一个 ubuntu 镜像。

4.4.3　Docker 的简单使用

前面我们已经了解了什么是镜像和容器，对 Docker 的基本运行机制和概念也有了一定的了解。本小节主要学习 Docker 的基本使用方式。

表 4-2 罗列了 Docker 容器的一些简单命令。

表4-2　Docker容器的基本命令

命　　令	参　　数	含　　义	
run		启动容器	
	-i，--interactive	交互式运行容器，通常与-t 一起使用	
	-t，-tty	分配一个伪终端，通常与-i 一起使用	
	-d，--detach	运行容器到后台	

（续表）

命　令	参　数	含　义
ps		查看容器
	-a	显示所有容器，包括已经停止的
rm	[containerId]	删除容器
start	[containerId]	启动容器
stop	[containerId]	停止容器
attach	[containerId]	进入容器
container	stats	显示容器使用资源
	top	显示容器运行的进程
logs	[containerId]	查看 docker 容器的输出

我们先通过“ps -a”命令查看当前容器的内容，如图 4-54 所示。

```
[root@iZ2zeepp8cky2iuem39i7rZ ~]# docker ps -a
CONTAINER ID   IMAGE                                COMMAND                  CREATED          STATUS                       PORTS      NAMES
b23b6a783b90   ubuntu                               "/bin/echo 'hello wo…"   10 minutes ago   Exited (0) 10 minutes ago               busy_lamarr
c58e8f8ce49f   quay.io/outline/shadowbox:stable     "docker-entrypoint.s…"   2 months ago     Up 28 hours                             shadowbox
df43098c1efd   containrrr/watchtower                "/watchtower --clean…"   2 years ago      Up 28 hours                  8080/tcp   watchtower
```

图 4-54　当前 Docker 容器列表

然后通过-it 参数来启动一个交互式的 Ubuntu 容器，如图 4-55 所示。

```
[root@iZ2zeepp8cky2iuem39i7rZ ~]# docker run -i -t ubuntu /bin/bash
root@e79d9b1b717a:/# ls
bin  boot  dev  etc  home  lib  lib64  media  mnt  opt  proc  root  run  sbin  srv  sys  tmp  usr  var
root@e79d9b1b717a:/#
```

图 4-55　交互式容器及输出容器内的目录结构

输入 exit 后按 Enter 键，就可以退出当前交互式容器的命令行。

现在执行“docker run centos ping www.baidu.com”命令，通过一个容器 ping 一下百度的域名，如图 4-56 所示。

```
[root@iZ2zeepp8cky2iuem39i7rZ ~]# docker run centos ping www.baidu.com
PING www.a.shifen.com (220.181.38.150) 56(84) bytes of data.
64 bytes from 220.181.38.150 (220.181.38.150): icmp_seq=1 ttl=52 time=3.55 ms
64 bytes from 220.181.38.150 (220.181.38.150): icmp_seq=2 ttl=52 time=3.59 ms
64 bytes from 220.181.38.150 (220.181.38.150): icmp_seq=3 ttl=52 time=3.64 ms
```

图 4-56　ping www.baidu.com 输出结果

我们发现此时容器会一直运行，无法执行其他操作。因此，我们可以使用--detach 命令在后台运行容器。按 Ctrl+C 键终止当前运行的容器，如图 4-57 所示。

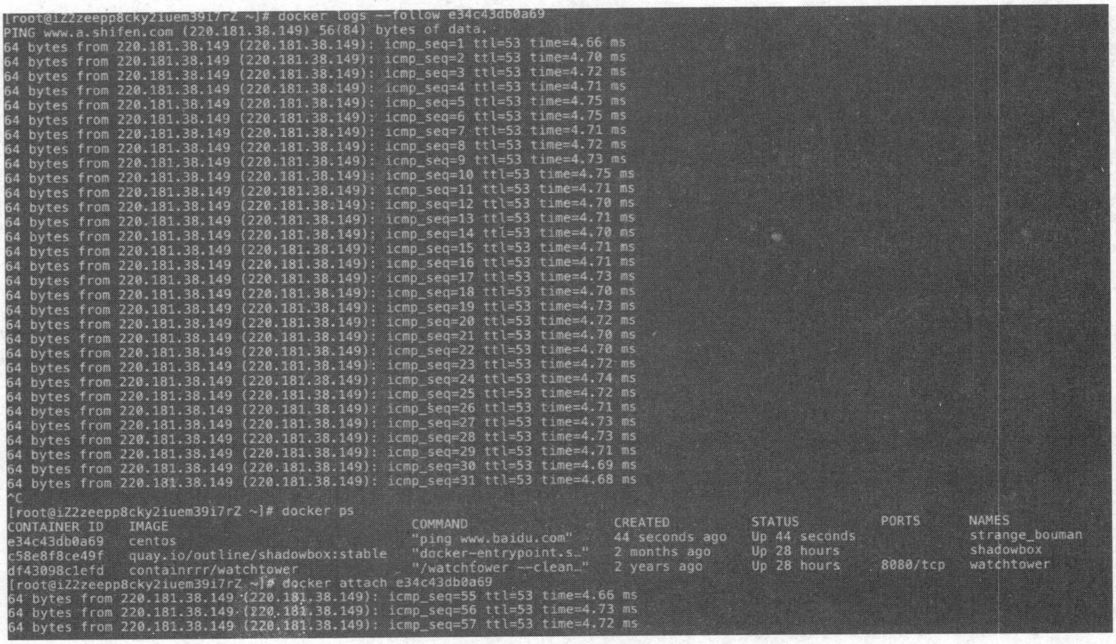

图 4-57　在后台运行容器打印日志及进入容器后退出日志的打印

通过图 4-57，可以看到 logs 打印的结果。按 Ctrl+C 键可以终止打印，但此时只会停止容器输出日志，并没有终止容器的运行。我们可以通过 ps 命令确认容器仍在运行。接着，使用 attach 命令进入指定的容器，它将继续打印日志，此时按 Ctrl+C 键才能终止当前容器的运行。当然，还可以通过 stop 和 rm 命令来终止和删除容器。这里就不再展示了，读者可以自行尝试。

另外，我们可以通过 "docker rm $(docker ps -a -q)" 来批量删除容器。

至此，这个简单示例就告一段落。实际上，还有许多相关的应用实例并未在此逐一展示。现在，鼓励读者暂时放下书本，亲自动手实践，以加深对 Docker 这一技术的理解。

4.4.4　使用 Dockerfile

Dockerfile 是一种用于构建 Docker 镜像的文本文件。它包含一系列指令，用于定义构建 Docker 镜像所需的各种操作步骤。Dockerfile 的主要作用如下。

- 定义镜像的构建过程：通过在 Dockerfile 中编写一系列指令，可以自动化完成从基础镜像到最终镜像的构建过程，无须手动操作。
- 封装应用程序：Dockerfile 可以将应用程序及其运行环境打包成一个可移植的 Docker 镜像，方便部署和分发。

- 实现版本管理：Dockerfile 是纯文本文件，可以通过 Git 等版本控制系统进行管理和追溯。

简单理解，Dockerfile 就像是一个 shell 脚本文件，可以自动执行其中的各种命令和信息，从而通过 Dockerfile 执行创建镜像等操作。

按照惯例，我们先查看与 Dockerfile 有关的一些命令（见表 4-3）。完整的 Dockerfile 相关指令内容可以在官网中找到。

表4-3 Dockerfile命令的含义

命 令	含 义	示 例
FROM	构建的新镜像是基于哪个镜像的	FROM node
RUN	构建镜像时执行的 shell 命令	RUN yum install httpd
CMD	设置容器启动后默认执行的命令及其参数,但 cmd 能够被 docker run 后面的命令及参数替换。Cmd 指定的是容器默认的可执行体,也就是说,容器启动后默认执行的命令。这里的"默认"意味着,如果 docker run 没有指定任何执行命令,或者 dockerfile 中没有 entrypoint,就会使用 cmd 指定的默认执行命令。同时,这也从侧面说明了 entrypoint 的含义,它是容器启动后真正要执行的命令	CMD /usr/sbin/sshd -D
ENTRYPOINT	配置容器启动时运行的命令	ENTRYPOINT /bin/bash -c '/start.sh'
EXPOSE	声明容器运行的端口	EXPOSE 80 443
ENV	设置容器内的环境变量	ENV MYSQL_ROOT_PASSWORD 123456
USER	为 RUN、CMD 和 ENTRYPOINT 执行命令指定运行用户	USER zaking
WORKDIR	为 RUN、CMD、ENTRYPOINT、COPY、ADD 设置工作目录	WORKDIR /data
ADD	把文件或目录复制到镜像中，如果是 URL 或压缩包，就会自动下载和解压	ADD html.tar.gz /var/www/html
COPY	把文件或目录复制到镜像中	COPY ./start.sh /start.sh
WORKDIR	为 RUN、CMD、ENTRYPOINT、COPY、ADD 设置工作目录	WORKDIR /data

Dockerfile 使用实例

首先执行以下命令在服务器上安装 Node：

```
yum install -y epel-release # epel-release 相当于一个包工具，可以理解成第三方源
yum install -y nodejs        # 安装 Node.js
npm install express-generator -g # express-generator 用于快速生成 express 项目
```

在做好准备工作后，我们将在服务器上创建示例所需的文件夹：

```
cd / # 进入服务器根目录
mkdir docker-hub     # 创建 docker-hub 文件夹
cd docker-hub        # 进入 docker-hub 文件夹
mkdir zakingnode     # 创建 zakingnode 文件夹
cd zakingnode        # 进入 zakingnode 文件夹
touch Dockerfile     # 创建 Dockerfile 文件
express nodedemo     # 通过 express 命令生成 nodedemo 项目
ls                   # 查看当前目录的内容列表
```

以上命令的输出结果如图 4-58 所示。

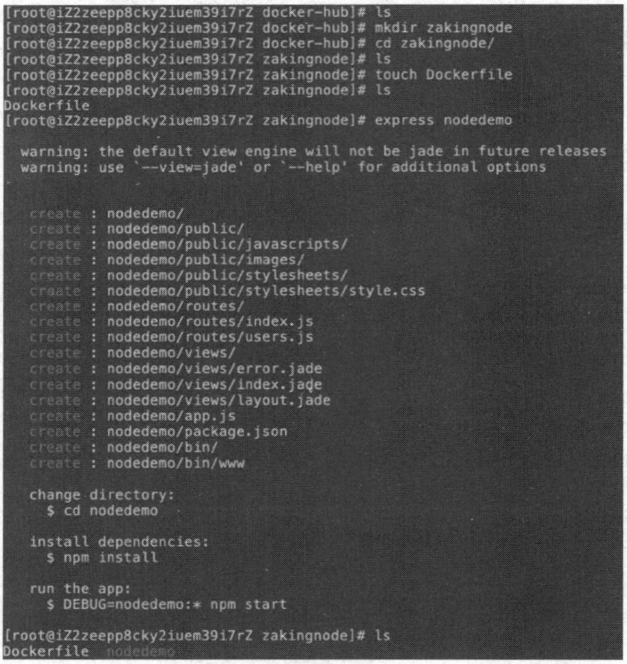

图 4-58　创建示例项目

然后我们编辑一下 Dockerfile，可以通过 vi 来编辑，或者使用之前 FTP 工具在本地编辑后上传也可以。Dockerfile 的内容如下：

```
# FROM 表示该镜像继承的镜像：表示标签
FROM node
```

```
LABEL name="zaking" version='1.0'
# COPY 是将当前目录下的 app 目录下的文件复制到 image 的/app 目录中
COPY ./nodedemo /nodedemo
# WORKDIR 指定工作路径，类似于执行 cd 命令
WORKDIR /nodedemo
USER root
# RUN npm install 在/app 目录下安装依赖，安装后的依赖也会打包到 image 目录中
RUN npm install
# EXPOSE 暴露 3000 端口，允许外部连接这个端口
EXPOSE 3000
ENV MYSQL_ROOT_PASSWORD 123456
CMD npm start
```

然后，在当前文件夹中创建一个名为 .dockerignore 的文件，其作用类似于 .gitignore 文件。.dockerignore 文件用于指定 Docker 在构建镜像时应该忽略的文件和目录，以防止它们被打包进最终的镜像中。在其中写入：

```
.git
node_modules
```

创建完成后，执行"docker build -t nodedemo:1.0.0 ."命令来生成这个镜像。注意，命令末尾的"."是必需的。这句话的意思是构建一个新镜像，-t 的 t 是 tag 的意思，表示给该镜像命名和打标签，后面的"."意味着在当前文件夹中查找 Dockerfile 文件，如图 4-59 所示。

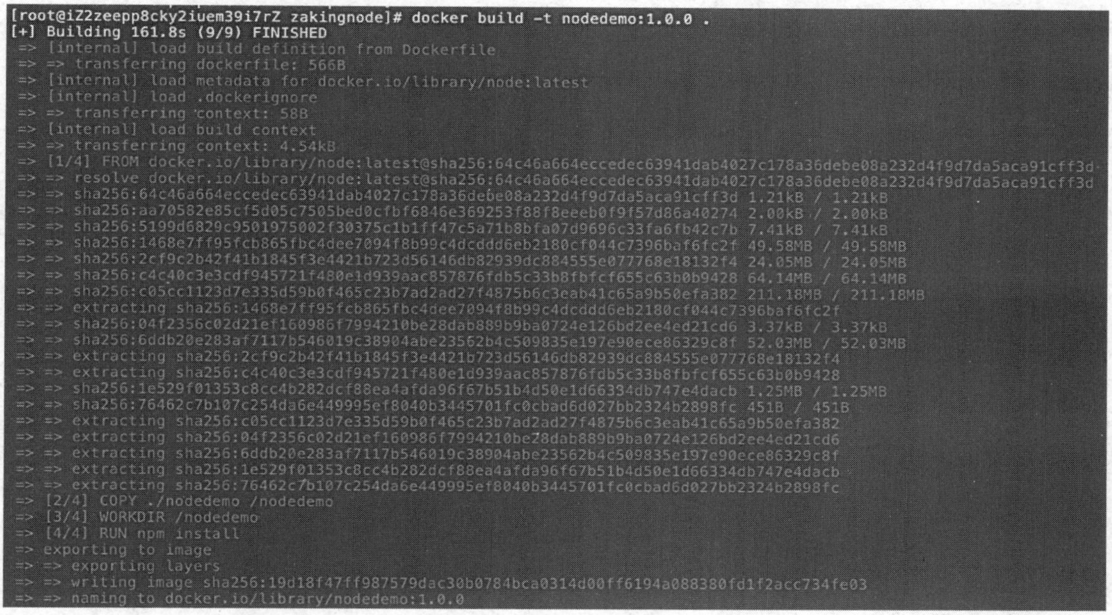

图 4-59　Dockerfile 创建镜像的输出结果

接下来，通过以下命令运行刚才创建的镜像：

```
docker run -p 3333:3000 nodedemo:1.0.0
```

输出结果如图 4-60 所示。

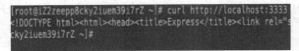

图 4-60　运行自定义镜像的输出结果

然后，重新打开一个服务器命令行窗口，通过 curl 访问刚才通过镜像启动的 Node 项目，部分内容如图 4-61 所示。

图 4-61　curl 访问镜像启动的 Node 项目

也可以直接通过浏览器访问服务器 IP 对应的 3333 端口，如图 4-62 所示。

Express

Welcome to Express

图 4-62　浏览器访问镜像运行的 Node 项目

至此，Docker 的学习暂时告一段落。实际上，还有很多关于 Docker 的内容并没有讲述，只是简单介绍了一些必要的知识。如果读者感兴趣，可以自行深入学习。

4.5　改造"宝藏"项目的持续构建方式

前面通过 Jenkins 实现了简单的构建示例。当我们把修改的分支发布到 GitHub 后，可以手动拉取并将对应的 dist 文件夹复制到指定的发布文件夹中。然而，我们希望实现以下几点：首先，不再在本地构建 dist 包，并且在提交代码时不包括 dist 文件；其次，希望能够直接在服务器上执

行构建操作，即在服务器上打包前端项目以生成静态文件；最后，希望在提交代码后，Jenkins
能够自动进行构建并发布。

　　本节基于前面学习的 Jenkins 和 Docker 知识来达成以上目的。我们先根据之前所学的知识设
想一下，如果要实现以上目标需要做哪些事情，并按照事件执行的顺序进行分析。

　　首先，需要监测 GitHub 项目的 commit，可能是通过 Jenkins 进行监测，表面上看似乎用的
是类似 Watch 的方式。实际上，这是通过 GitHub 配置绑定 Webhook，从 GitHub 发出消息通知
并告知 Jenkins 执行。

　　然后，在监测到有新的 commit 提交记录后，通过 Jenkins 启动一个 Docker 容器，该容器包
含 Node 运行环境和可能的一些依赖包。接着，在 Docker 中拉取对应分支的代码，执行前端项目
的依赖包安装，再打包生成 dist 包。

　　随后，使用类似之前的复制和粘贴方式，把 Docker 中的 dist 文件复制到发布目录即可。

　　在 4.6 节，我们将按照这样的步骤构建一个较为完整的项目。

4.5.1　自动触发 Jenkins 构建的配置步骤

　　我们首先创建一个 GitHub 项目的 Webhook。在 GitHub 的项目页面中找到 Settings 选项，注
意是项目的 Settings，而不是全局的 GitHub Settings，如图 4-63 所示。

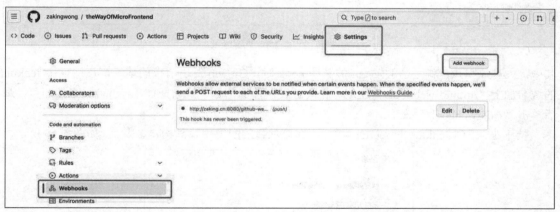

图 4-63　GitHub 项目配置 Webhook 位置

　　然后找到 Webhooks 选项，单击 Add webhook 按钮，如图 4-64 所示。

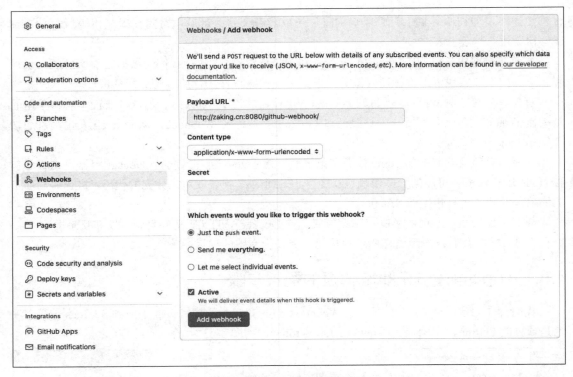

图 4-64　Webhook 配置界面

其中，Payload URL 就是当触发 Git 的某些 hook 时，GitHub 发出请求的地址，该地址由 Jenkins 的域名加上 "/github-webhook/" 组成。在会触发事件的部分，只选择推送（push）事件即可，最后单击 "Add webhook" 按钮。

接下来，回到 Jenkins 的 section4 项目，在该项目的配置中找到构建触发器，如图 4-65 所示。

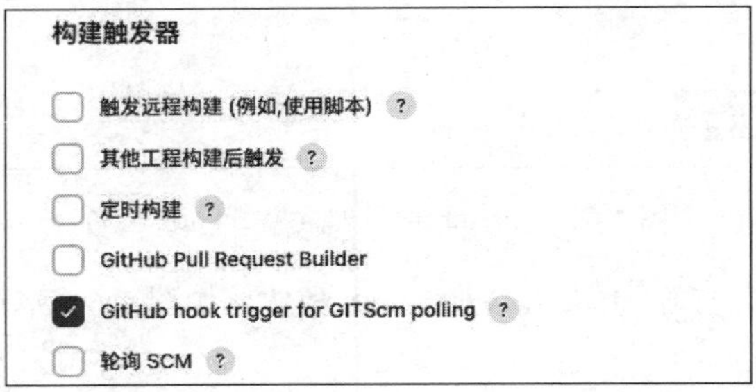

图 4-65　构建触发器的配置

选中 GitHub hook trigger for GITScm polling 复选框，这个选项的意思是通过 Git 源码管理来触发 GitHub 上配置的 Webhook。

最后，我们需要配置 Git 源码管理环境的 Token，允许 Jenkins 获取信息或者进行一些操作。我们这次需要在账号的 Settings 中进行配置，如图 4-66 所示。

单击 Settings 选项，进入设置界面并选择 Developer settings 选项，如图 4-67 所示。

图 4-66　单击 Settings

图 4-67　选择 Developer settings

然后选择 Personal access tokens 选项的 Tokens(classic) 子选项，再单击 Generate new token（classic）选项，如图 4-68 所示。

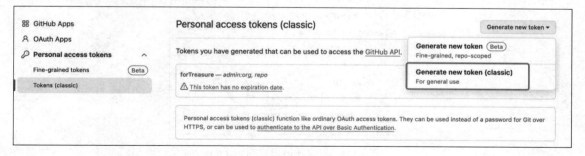

图 4-68　Token 生成位置

接下来填写备注（Note），说明该 Token 的作用是标识。将范围勾选为 repo 和 admin:org，单击 personal access token (classic) 页面右侧上方的 Generate new token 按钮，即可生成一个 Token。注意，一旦离开该页面，这个 Token 就不再可见。如果没有及时保存设置，后面再使用时只能重新生成一个。笔者不建议把它保存到本地的记事本中，以防被盗。生成的 Token 如图 4-69 所示。

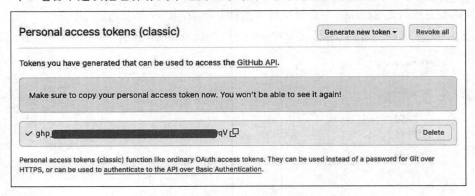

图 4-69　Token 生成页面

我们重新回到 Jenkins 的项目配置中，找到构建环境部分，添加该 Token 凭据，单击"新增"按钮并选择 Secret text 选项，如图 4-70 所示。

图 4-70　构建环境绑定 Secret text

在新增选项中，单击"添加"按钮即可打开新增凭据弹窗，如图 4-71 所示。

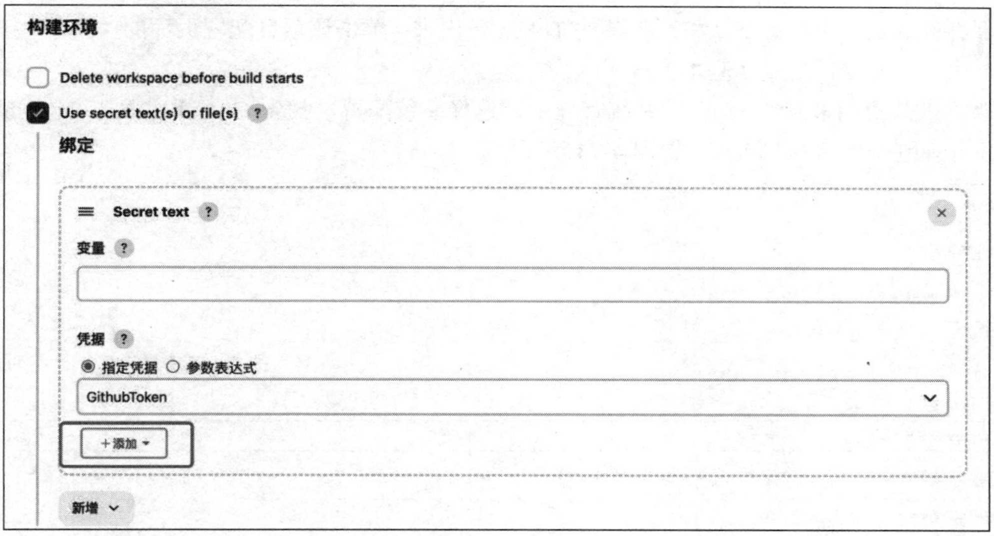

图 4-71 构建环境新增凭据

注意，在类型中选择 Secret text，然后在 Secret 中复制刚才创建的 Token，添加该 Token 的描述后保存即可，如图 4-72 所示。

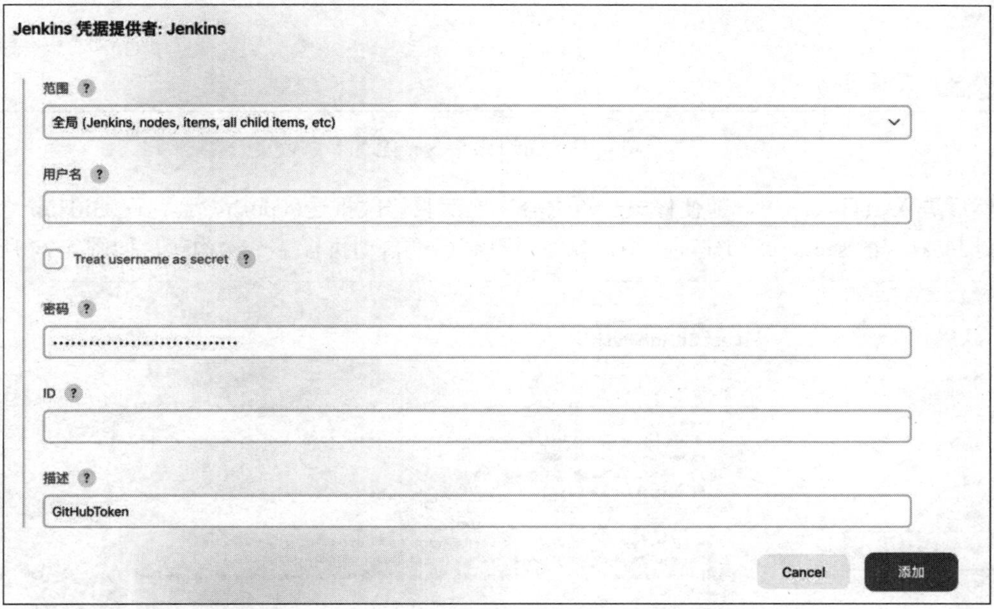

图 4-72 添加凭据

保存完成后，系统会默认将已创建的 Token 带出来。单击该项目配置页面的"保存"按钮即可。至此，当前项目配置就基本完成了。

接下来，我们来到 Jenkins 的系统管理中，选择系统配置，找到 GitHub，添加 GitHub 服务器，并选择刚刚创建的 Token，如图 4-73 所示。

图 4-73　GitHub Server 配置

然后进入项目代码中，随便修改一点内容，之后将修改推送（push）到远程 GitHub 仓库。再回到 Jenkins 的 section4 构建项目中，就可以看到已经自动执行了一次构建，如图 4-74 所示。

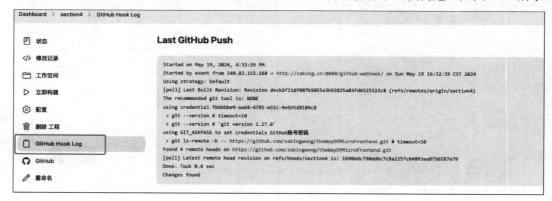

图 4-74　Jenkins 构建项目的 GitHub Hook Log 选项的输出内容

通常来说，只要你的 Hook Log 有内容，就说明 GitHub 收到了推送（push）操作，并成功向你推送了此次推送操作的信息。

至此，我们已经完成了自动构建流程的第一步。通过设置 GitHub 的 Webhook，并在 Jenkins 中配置相应的凭据，就可以实现自动触发 Jenkins 项目的构建过程。

4.5.2　在服务器上打包 Vue 项目

接下来，我们来看如何在服务器上打包 Vue 项目。

首先，我们需要忽略之前本地推送上去的 dist 文件，只需修改 z-treasure 项目中的.gitignore 文件即可。当我们把修改后的代码推送到 GitHub 远程仓库后，Jenkins 会自动执行构建并报错，原因是找不到 dist 文件，因为还没有进行上传。

随后修改 section4 项目的执行脚本：

```
cd /var/lib/jenkins/workspace/section4/z-treasure
npm install
npm run build
cp -r /var/lib/jenkins/workspace/section4/z-treasure/dist /var/www/
```

只需添加两行代码，以便进入 Jenkins 的工作区，从而进入我们的项目，然后像在本地一样执行打包命令即可。接下来，在本地随便修改一些代码并推送到远程仓库，再查看 Jenkins section4 项目的 Log。理论上讲，在提交代码后，就可以看到如图 4-75 所示的输出结果。这里要特别注意一下"npm install"命令，在打包 Vue 项目之前，尤其不要忘记安装依赖，否则可能会因缺少对应的包而导致打包失败。

```
   Images and other types of assets omitted.
   Build at: 2024-05-20T11:25:13.578Z - Hash: fa2fee37ea337829 - Time: 31976ms

DONE  Build complete. The dist directory is ready to be deployed.
INFO  Check out deployment instructions at https://cli.vuejs.org/guide/deployment.html

+ cp -r /var/lib/jenkins/workspace/section4/z-treasure/dist /var/www/
Finished: SUCCESS
```

图 4-75　Jenkins 服务器打包 Vue 项目成功

但是，在这个过程中可能会遇到以下几个问题：

（1）Node 版本过低，通过之前安装 Node.js 的命令安装的 Node.js 版本不一定与用户本地安装的新版本 Node.js 一致。

（2）Jenkins 没有安装 Node.js 插件。

（3）Jenkins 构建项目没有配置构建环境。

针对第一个问题，读者可以在网上自行搜索如何在 Linux 服务器删除原本的 Node.js 并安装新版本的 Node.js，推荐采用官网安装方案。

针对第二个问题，读者可以参照之前介绍过的插件安装部分的内容来安装 Node.js 插件，记得安装完成后重启 Jenkins。

针对第三个问题，读者可以在 section4 项目的配置中，找到之前配置 Secret text 部分，也就是构建环境部分，勾选如图 4-76 所示的选项，其他配置保持默认即可。

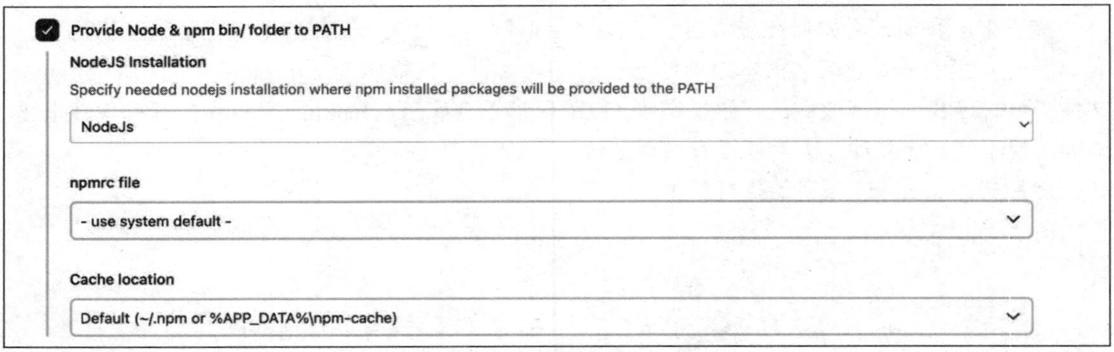

图 4-76　Jenkins 项目构建环境配置 Node 示例

至此，服务器部署工作就完成了。读者可能会觉得这个过程有些烦琐。我们不仅需要在服务器上安装 Node.js，还要安装 NPM 包来进行打包。如果服务器上已经部署了许多其他项目（目前只有前端静态项目），这确实会让人感到头疼。

我们可以通过编写 shell 脚本来自动化安装所有依赖项，并将这个脚本包含在项目中，以便在需要时下载并执行。然而，这种方法存在一些问题：首先，它不够方便；其次，它可能会污染服务器环境。

基于这些考虑，我们需要对当前项目进行改进。我们希望有一个环境，既能安装这些依赖项，又便于携带。笔者指的就是 Docker 容器。

4.5.3　通过 Docker 改造项目的部署

综上所述，我们希望对当前的部署方式进行一些调整。虽然目前的部署方式能够正常运行，但随着时间的推移，可能会出现问题。那么，我们该如何改进呢？

自动化部分已经通过 Jenkins 实现，目前无须更改。我们的目标是将 Node.js 的执行和打包环境独立出来，这需要借助 Docker 容器。这个 Docker 容器应包含 Node.js 环境的镜像，在该镜像中可以执行构建操作，并将生成的静态资源存放在容器中，同时保持容器的持续运行。

我们希望将静态资源存放在容器中，但由于容器类似于虚拟机或独立的运行环境，因此我们无法直接访问容器内的静态资源。为了解决这一问题，我们需要在容器内安装 Nginx，作为静态资源的代理服务器。

最终，我们可以通过服务器上的 Nginx 来访问 Docker 容器内 Nginx 代理所暴露的地址和端口。当然，在这一过程中，我们还需要适当修改 Jenkins 的构建项目脚本。

1. 修改 Jenkins 脚本并添加 Docker 用户权限

首先修改 Jenkins 的配置脚本，内容只有一行代码：

```
cd /var/lib/jenkins/workspace/section4/z-treasure
bash build.sh
```

我们直接在 section4 项目中更改执行脚本，只需执行当前目录下的 build.sh 即可。接着，为 Docker 添加 Jenkins 用户的权限，因为稍后在 build.sh 脚本中需要使用 Jenkins 来操作 Docker。只需在服务器上执行如下命令：

```
sudo usermod -aG docker Jenkins
```

这个命令的作用是使用超级用户权限来修改现有用户账户的属性。其中，-a 参数表示追加，不会改变用户的原有属性；-G 参数用于指定将用户添加到哪个用户组。因此，上述命令的目的是将 jenkins 用户添加到 docker 用户组。

这样做的目的是让 Jenkins 用户获得访问 Docker 套接字文件/var/run/docker.sock 的权限，从而能够在 Jenkins 作业中正常执行与 Docker 相关的命令，例如"docker build""docker run"等。

将 Jenkins 用户添加到 Docker 组之后，需要重启 Jenkins 服务，以确保更改生效。通常可以使用命令"systemctl restart jenkins"来重启 Jenkins 服务。

虽然这些操作通常应放在后面进行，但为了简化流程，我们可以先处理这些简单步骤，这样后面就不需要再次修改 Jenkins。

完成这些步骤后，可以直接在服务器上删除之前存放静态文件的文件夹，包括 Jenkins 的工作区（workspace）内容。删除完毕后再进行下一步操作。这样可以确保域名请求更加清晰，避免混淆。

2. 修改宿主机 Nginx 配置文件

修改宿主机的 Nginx 配置文件，替换之前用于访问 var/www/html 静态资源的 server 块：

```
server {
    listen 80;
    server_name treasure.zaking.cn;
    location / {
            proxy_pass http://localhost:90;
            proxy_set_header Host $host;
            proxy_set_header X-Real-IP $remote_addr;
            proxy_set_header X-Forwarded-For $proxy_add_x_forwarded_for;
```

```
    }
}
```

上述代码逻辑相当简单，其核心功能是将对 treasure.zaking.cn 的访问重定向至服务器的 90 端口，同时通过设置 HTTP 头字段以标识来源信息。

当然，仅仅通过 Nginx 配置二级域名是不够的。我们还需要在域名注册商处的域名解析设置中，添加一个新的二级域名。这一过程与之前设置的域名解析方法相同，因此在此不再重复说明。

这里的 90 端口实际上是 Docker 容器暴露的端口，它允许我们访问容器中的静态资源。

3. 创建 dockerfile

接下来是项目的核心环节。我们将在 z-treasure 项目目录下创建一个 Dockerfile，该文件的代码如下：

```
# 使用 Ubuntu 20.04 作为基础镜像
FROM ubuntu:20.04
# 更新软件包列表并安装必要的依赖
RUN apt-get update && apt-get install -y \
    curl \
    software-properties-common \
    && rm -rf /var/lib/apt/lists/*
# 安装 Nginx
RUN apt-get update && apt-get install -y nginx
# 安装 Node.js 20.x
RUN curl -fsSL https://deb.nodesource.com/setup_20.x | bash -
RUN apt-get install -y nodejs
# 创建工作目录
WORKDIR /app
# 复制项目代码到工作目录
COPY . /app
# 安装 Node.js 依赖
RUN npm ci
# 构建 Vue.js 3 应用
RUN npm run build
# 配置 Nginx 的默认 HTML 目录
RUN rm -rf /var/www/html && \
    ln -s /app/dist /var/www/html
# 暴露 Nginx 端口
EXPOSE 80
# 启动 Nginx 服务
CMD ["nginx", "-g", "daemon off;"]
```

代码本身并不复杂，我们来逐行解释一下。

（1）我们使用 Ubuntu 作为基础镜像。首先，需要修改镜像中的文件以更改其源映射。这些操作可能涉及权限和用户设置等复杂问题。当然，也有更简单的方法，比如将卷挂载到宿主机，但这些方法并不必要。

（2）apt-get 是 Ubuntu 系统的包管理工具，类似于 CentOS 的 yum 或 Node.js 的 NPM。首先，我们需要更新 apt-get，然后安装 curl 和 software-properties-common。curl 是一个命令行工具，用于在终端中进行数据传输。software-properties-common 是在 Ubuntu/Debian 系统中用于管理软件源的命令行工具。

（3）使用 apt-get 安装 Nginx 和 Node.js，并将工作目录设置为/app。

（4）将当前工作目录（即 Jenkins 脚本中通过 cd 命令进入的目录）的所有内容复制到/app 目录中。

（5）执行 npm 安装依赖包，然后执行熟悉的 build 打包命令。这里的"npm ci"命令与"npm install"命令类似，但"npm ci"命令的安装速度更快，因为它不会执行任何依赖版本的查找和验证过程。

（6）将/app/dist 目录中的所有内容复制到/var/www/html 中。这个路径是容器中 Nginx 默认的静态资源位置，这样可以避免修改容器内 Nginx 配置文件的步骤。

（7）启动 Nginx 服务。通常，我们会在后台运行 Nginx 服务，但在 Docker 中，Nginx 在后台运行会导致 Docker 容器直接终止。因此，这里使用的命令是让 Nginx 在前台运行，以确保 Docker 容器正常运行。

代码解释完了，接下来我们继续探讨 build.sh 脚本中执行的操作。

4. build.sh 脚本内容

同样地，我们在 z-treasure 项目目录下创建一个 build.sh 文件，以下是其中的代码：

```bash
#!/bin/bash

# 检查是否存在 treasure-container 容器，如果存在则停止并删除
if docker ps -a | grep -q "treasure-container"; then
echo "Stopping and removing treasure-container container..."
docker stop treasure-container
docker rm treasure-container
echo "treasure-container container removed."
else
echo "No treasure-container container found."
fi

# 检查是否存在 treasure-image 镜像，如果存在则删除
if docker images -q treasure-image; then
echo "Removing treasure-image image..."
```

```
docker rmi treasure-image
echo "treasure-image image removed."
else
echo "No treasure-image image found."
fi

# 构建 treasure-image 镜像
echo "Building treasure-image image..."
docker build -t treasure-image .
echo "treasure-image image built."

# 启动 treasure-container 容器
echo "Starting treasure-container container..."
docker run -d --name treasure-container -p 90:80 treasure-image
echo "treasure-container container started."
```

这段脚本主要用于执行 dockerfile 的内容，以生成对应的镜像和容器。首先，前两大部分用于检测是否存在对应的容器和镜像。如果存在，则会删除该容器和镜像。接着，构建一个名为 treasure-image 的镜像。在构建镜像时，镜像名称后面的 "." 表示在当前文件夹查找 dockerfile，并将当前文件夹作为镜像的上下文。

我们使用 treasure-image 镜像生成一个名为 treasure-container 的容器，其中 "-p 90:80" 的作用是设置端口映射。它将容器内部的 80 端口映射到宿主机的 90 端口。这意味着，访问宿主机的 90 端口实际上就是在访问容器内部的 80 端口。

至此，整个改造已完成。现在，我们回到 Jenkins，单击"构建项目"按钮，当然也可以设置为更改代码后自动构建项目。等待项目构建成功后，我们就可以通过 https://treasure.zaking.cn/ 这个地址访问"宝藏"项目了。

4.6　"白月光"项目部署：在服务器部署 SSR 项目

有了之前构建"宝藏"项目的经验，再构建"白月光"项目就相对容易多了。两者最大的区别在于，构建 CSR（客户端渲染）项目时，需要通过 Nginx 作为静态服务器来访问静态文件；而对于 SSR（服务器渲染）项目，则可以直接使用 Node 服务器。

首先，把"宝藏"项目中的 dockerfile 和 build.sh 文件复制到"白月光"项目中。需要对"白月光"项目中的 dockerfile 内容进行较大修改，而 build.sh 文件则无须进行太多修改。build.sh 最大的变动是端口映射的调整。

以下是"白月光"项目中 build.sh 的内容：

```bash
#!/bin/bash

# 检查是否存在 moonlight-container 容器，如果存在则停止并删除
if docker ps -a | grep -q "moonlight-container"; then
echo "Stopping and removing moonlight-container container..."
docker stop moonlight-container
docker rm moonlight-container
echo "moonlight-container container removed."
else
echo "No moonlight-container container found."
fi

# 检查是否存在 moonlight-image 镜像，如果存在则删除
if docker images -q moonlight-image; then
echo "Removing moonlight-image image..."
docker rmi moonlight-image
echo "moonlight-image image removed."
else
echo "No moonlight-image image found."
fi

# 构建 moonlight-image 镜像
echo "Building moonlight-image image..."
docker build -t moonlight-image .
echo "moonlight-image image built."

# 启动 moonlight-container 容器
echo "Starting moonlight-container container..."
docker run -d --name moonlight-container -p 91:3000 moonlight-image
echo "moonlight-container container started."
```

　　整个项目代码与"宝藏"项目几乎一样，主要的区别在于将项目中所有的"treasure"全局替换为"moonlight"（包括变量名、目录等）。此外，把容器的端口号映射为 91:3000，因为 Nuxt 项目启动时的默认端口号是 3000，暂时不需要对此进行修改。

　　我们还需要修改宿主机的 Nginx 配置文件（nginx config），添加一些额外的配置：

```
server {
listen 80;
server_name moonlight.zaking.cn;
location / {
    proxy_pass http://localhost:91;
    proxy_set_header Host $host;
    proxy_set_header X-Real-IP $remote_addr;
    proxy_set_header X-Forwarded-For $proxy_add_x_forwarded_for;
}
}
```

与之前的 server 块并行，添加一个 server 块即可。使用 FTP 工具覆盖原来的配置文件（config），完成后记得在服务器重启 Nginx 以使配置生效。

重头戏是"白月光"项目的 dockerfile 文件，内容如下：

```
# 使用 Node.js 18 作为基础镜像
FROM node:18
# 设置工作目录
WORKDIR /app
# 将项目文件复制到容器中
COPY . /app
# 安装项目依赖
RUN npm install
# 构建 Nuxt3 项目
RUN npm run build
# 暴露应用端口
EXPOSE 3000
# 启动 Nuxt3 应用
CMD ["node", ".output/server/index.mjs"]
```

这个 dockerfile 比之前的"宝藏"项目简单很多，因为无须通过 Nginx 启动静态服务，直接使用 Node 即可。因此，我们直接用 Node18 作为基础镜像，后续步骤与本地项目启动流程几乎相同。

接下来，配置一下 Jenkins。可以直接复制原来的 Jenkins 项目，然后修改项目名称和工作目录即可。Jenkins 的脚本设置如下：

```
cd /var/lib/jenkins/workspace/moonlight/zw-moonlight
bash build.sh
```

至此，"宝藏"项目和"白月光"项目的服务器构建、部署、发布流程基本完成。为了使后续项目展示更加清晰，我们可以稍微修改一下 Jenkins 构建的目录，如图 4-77 所示。

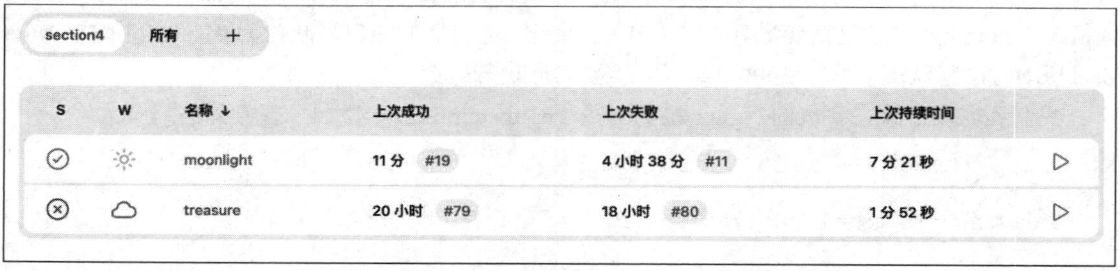

S	W	名称 ↓	上次成功		上次失败		上次持续时间	
✓	☀	moonlight	11 分	#19	4 小时 38 分	#11	7 分 21 秒	▷
✕	☁	treasure	20 小时	#79	18 小时	#80	1 分 52 秒	▷

section4　所有　+

图 4-77　现阶段 Jenkins 构建的目录

我们将创建一个名为 section4 的目录，用于存放每个项目所需下载的代码分支。接下来，我们会将现有名为 section4 的项目重命名为 treasure，并将它移至新创建的 section4 目录下。同时，将 moonlight 项目加入这个目录中。

注　意
经过这样的修改，服务器上的 /var/lib/jenkins/workspace 目录中的工作目录名称将变更为 moonlight 和 treasure，不再使用之前的 section4。因此，需要更新代码中的相关路径设置，以确保不会因路径错误而无法找到文件。

4.7　路由式微前端实现

现在，老板希望在官网首页的右上角增加一个跳转到"宝藏"项目的入口，以引流到收费的"宝藏"项目。增加之后，"白月光"项目的导航部分如图 4-78 所示。

首页　产品介绍	超级无敌小芒果SAAS系统

图 4-78　最新"白月光"项目的导航部分

然后，将该项目部署到生产环境。过程就是这么简单，我们的路由式微前端架构便完成了。

笔者始终认为，路由式微前端与前端技术本身的关系并不大。它的本质在于利用同域 Cookie 共享，从而实现类似于登录状态共享的能力。

在本章的最后，留下一个问题供读者思考：我们通过上述方式实现的微前端架构是否真正实现了 Cookie 共享？

4.8　本章小结

本章至此已画上句号，不妨让我们简要回顾一番：本章涵盖了哪些知识点呢？

开篇之际，我们借助一个真实的工作场景，详细阐述了新旧项目的架构及核心依赖，为后续的学习和工作奠定了基础环境和背景知识。

紧接着，我们对 SSR（服务器端渲染）进行了简要阐释，使读者对这一概念有了初步的了解。

在随后的内容中，我们深入探讨了 Nginx、Jenkins、Docker 等服务器发布与部署工具，并成功地运用这些工具将新旧项目部署至服务器端。

通过本章的学习，相信读者对前端项目从开发到上线的完整流程有了更深刻的理解。这将有助于消除读者在面对工作时可能产生的迷茫与困惑，进而深化对前端领域知识的理解，并有效避免仅局限于"前端"技能的问题。

第 5 章

iframe 方案实践

本章将围绕 iframe 展开，主要目的是在"宝藏"和"白月光"项目中嵌入 iframe 子项目，以实现基于 iframe 的微前端解决方案。

在前面的章节中，我们以理论为主导，简要探讨了将 iframe 作为微前端解决方案的核心概念。尽管 iframe 作为前端开发的一项基础功能经常受到开发者的批评，但它独特的隔离性和独立性使其成为解决前端领域诸多棘手问题的优选方案。

我们在前文简要介绍了站点隔离和浏览器的多进程架构。通过这种设计，浏览器能够将安全性和稳定性提升到新的高度。即使某个进程崩溃，负面影响也仅限于该进程，不会导致整个浏览器崩溃，从而保护用户的数据安全和浏览体验。

随着浏览器多进程架构的演进，各大浏览器厂商在提升浏览器的性能和安全性方面不懈努力。这种架构的更新换代，不仅反映了技术进步，也展现了对用户需求的深入理解。

在这种背景下，嵌入 iframe 会触发浏览器特定的进程启动机制。如果嵌入的 iframe 与父页面属于同一站点，浏览器通常会在父页面的现有进程中运行该 iframe，以共享相同的渲染进程，从而减少资源消耗。

然而，当 iframe 嵌入的内容来自不同的站点时，浏览器会采取安全措施，启动一个新的独立进程来运行该 iframe。这样做的主要目的是隔离不同源的内容，防范潜在的跨站脚本（XSS）攻击和其他安全风险，确保用户数据和浏览器的稳定性。

iframe 的主要优势在于其天生的隔离特性和易于集成的能力，使开发者能够轻松地在自己的页面中嵌入第三方系统页面，从而实现功能的快速扩展和集成。这种集成方式不仅便捷，还能保持不同系统间的独立性和安全性。

当然，iframe 也存在一些明显的缺点。例如 URL 同步问题、数据通信问题以及 CSS 计算的

独立性等。其中，数据同步是核心挑战。一旦解决了数据同步问题，URL 同步和 CSS 独立计算
等问题在一定程度上也能得到缓解或通过模拟加以解决。通过有效的数据同步机制，我们可以在
不同 iframe 之间或者 iframe 与主页面之间实现数据的实时共享和更新。这样不仅可以提升用户
体验，还能在一定程度上解决由于隔离性带来的一些技术难题。

5.1　iframe 基本示例

　　小王在"白月光"项目中添加了指向"宝藏"项目的链接后，显著提升了"宝藏"项目的访
问量。老板对此非常满意，对小王进行了表扬，并提出了新的要求：希望在"白月光"项目的首
页增加一个悬浮在页面右侧的浮窗广告。老板还要求该广告作为一个独立的项目进行开发，以便
能够单独发布和部署。由于未来可能会对广告模块进行扩展，因此不希望将其集成在现有的"白
月光"项目中。于是，小王开始调研实现方案，综合考虑后决定采用 iframe 技术将广告项目嵌入
"白月光"项目中。

　　至于选择 Vue、React 还是 Angular 作为开发框架，小王尚未做出最终决定。不过，小王在
社区网站上了解到 React 似乎是一个不错的选择，因此决定使用 Next.js 作为这个广告项目的前端
框架。

5.1.1　"白月光"广告项目的创建与集成

　　首先，创建一个与"白月光"项目平级的 moonlight-ad 项目。通过"npx create-next-app@latest"
命令可以快速创建 React 项目。创建完成之后，对代码进行简单修改，page.js 修改如下：

```
import styles from "./page.module.css";
export default function Ad() {
    return (
            <main className={styles.main}>
                这是一个<span className={styles.fontBoom}>巨</span>大的<span
className={styles.fontMidBoom}>广告</span>
            </main>
    );
}
```

接下来，稍微修改一下 page.modules.css 的内容，删除原有的 CSS 代码，并添加如下内容：

```
.main {
    display: flex;
    flex-direction: column;
    align-items: center;
    padding: 20px;
```

```
    min-height: 100vh;
}
.fontBoom{
    font-weight: 900;
    font-size: 99px;
}
.fontMidBoom{
    font-weight: 500;
    font-size: 49px;
}
```

至此，我们的广告项目实际上已经完成了。接下来，修改 npm script 中的 dev 命令，将其改成 next dev -p 3001，这样就可以在 3001 端口启用项目。通过"npm script"命令启动后，项目即可待用。

现在回到"白月光"项目，在 components 文件夹下新增一个 ad 组件。这个组件非常简单，就是引用刚启动的本地 React 广告项目：

```
<template>
    <div class="moonlight-ad">
            <iframe class="iframe-item" src="http://localhost:3001/#/"
frameborder="0"></iframe>
    </div>
</template>
<style lang="less">
.moonlight-ad {
    position: fixed;
    right: 50px;
    top: 300px;
    width: 200px;
    height: 400px;
    .iframe-item {
            width: 100%;
            height: 100%;
    }
}
</style>
```

然后，把这个组件引入 pages/index.vue 中，具体引入位置如下，与之前的友情链接保持平级即可：

```
<!-- 友情链接 -->
<div class="friendly-link">
    <header-nav title="友情链接"></header-nav>
    <ul>
```

```
            <li v-for="item in linkLists">{{ item }}</li>
    </ul>
</div>
<ad></ad>
```

至此，整个项目的新建和引入工作已经完成。读者可以打开"白月光"项目查看效果，如图 5-1 所示。

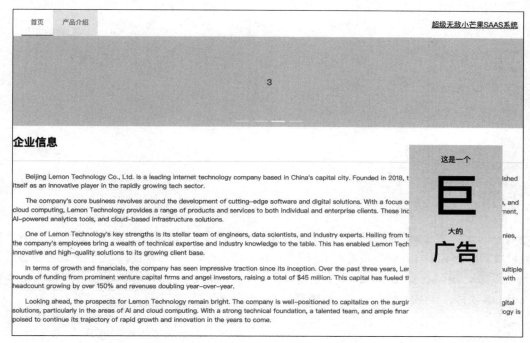

图 5-1　"白月光"项目引入广告位置

接下来，我们把"白月光"项目及其引入的广告项目发布到线上。"白月光"项目的发布流程与之前相同，不同的是现在切换到了 section5 分支，同时在 Jenkins 中新建了一个名为 section5 的分组，如图 5-2 所示。

section4		section5	所有	＋			
S	**W**	**名称** ↓		**上次成功**	**上次失败**	**上次持续时间**	
⊙	☼	moonlight5		没有	无	无	▷

图 5-2　Jenkins 项目的内容

moonlight5 的所有内容与之前的 section4 中的 moonlight 相同，唯一的区别在于我们为了区分工作空间文件夹的命名，特意将其命名为 moonlight5，以避免与之前的 moonlight 项目发生冲突。当然，该项目中涉及 Git 分支和目录路径的地方也需要相应修改为 section5 和 moonlight5。除此之外，其他部分保持不变，此处不再赘述。

由于 Next.js 主要用于构建服务器端渲染项目，因此其发布方式与 moonlight 类似，只需构建 Node.js 的 Docker 镜像即可。

moonlight-ad 项目中的 dockerfile 内容如下：

```
# 使用 Node.js 18 作为基础镜像
FROM node:18
# 设置工作目录
WORKDIR /app
# 将项目文件复制到容器中
COPY . /app
# 安装项目依赖
RUN npm install
# 构建 Next 项目
RUN npm run build
# 暴露应用端口
EXPOSE 3000
# 启动 Next 应用
CMD ["npm", "start"]
```

项目的改动非常少，唯一的变化是将启动命令简化为"npm start"。至于 build.sh 文件，除更新镜像和容器名称以及调整映射端口号外，其他内容未作更改。具体代码可在 GitHub 上查看。

接下来，我们需要在 Jenkins 上创建一个名为 moonlightAd5 的新项目，可以直接复制 moonlight5 项目。在生成项目之后，还需要修改以下脚本：

```
cd /var/lib/jenkins/workspace/moonlightAd5/moonlight-ad
bash build.sh
```

我们通过 jenkins 来启动这两个项目，然后还需修改 Nginx 的配置，为 ad 项目添加一个 server 块：

```
server {
    listen 80;
    server_name moonlight.zaking.cn;
    location / {
        proxy_pass http://localhost:91;
        proxy_set_header Host $host;
        proxy_set_header X-Real-IP $remote_addr;
        proxy_set_header X-Forwarded-For $proxy_add_x_forwarded_for;
    }
    location /ad {
        proxy_pass http://localhost:92;
        proxy_set_header Host $host;
        proxy_set_header X-Real-IP $remote_addr;
```

```
                proxy_set_header X-Forwarded-For $proxy_add_x_forwarded_for;
    }
}
```

在之前的 moonlight 域名下，我们将增加一个映射到端口 92 的/ad 路径。这样，就可以通过访问 moonlight.zaking.cn/ad 来查看广告项目。当然，如果现在尝试访问，可能会遇到 404 错误。这说明我们需要修改广告项目的静态映射地址。为了解决这一问题，可以在 next.config.mjs 文件中添加以下配置：

```
/** @type {import('next').NextConfig} */
const nextConfig = {
    basePath: "/ad",
};
export default nextConfig;
```

请确保在进行更改后，重新启动 Nginx 服务以及 Jenkins 上的广告项目。

还记得在"白月光"项目中广告组件使用的 iframe 地址吗？目前它指向的是本地地址，即 localhost。我们需要将其修改为项目部署后的线上地址。

```
<template>
    <div class="moonlight-ad">
            <iframe class="iframe-item" src="http://moonlight.zaking.cn/ad"
frameborder="0"></iframe>
    </div>
</template>
```

最后，重新启动"白月光"项目的 Jenkins，线上地址将展示出如图 5-3 所示的结果。

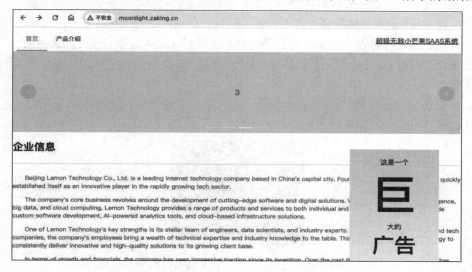

图 5-3　iframe 嵌入广告项目的执行结果

5.1.2 "宝藏"项目嵌入 iframe 子项目

广告项目成功上线后，它为公司带来了可观的广告收益。对此，老板感到非常满意，决定对小王的努力给予认可和鼓励。在一次公司会议上，老板特别向小王颁发了奖状，并公开表彰了他的贡献。

小王对此感到非常高兴和荣幸，认为自己遇到了真正懂得欣赏自己才华的伯乐。这份来自公司和领导的肯定，更加坚定了他为公司的发展尽心尽力、作出更大贡献的决心。他相信，通过不懈的努力和持续的创新，能与公司共同成长，实现更加辉煌的成就。

会后，老板找到了小王，希望可以拓展之前的老旧 SaaS 系统，也就是"宝藏"项目。老板希望引入两个项目：一个是通过简单配置生成展览或活动页面，主要提供页面的配置和生成功能；另一个是该配置项目生成的对应展览或广告页面，主要用于活动发布的展示。

凭借之前在 iframe 嵌入方面的经验，小王拍拍胸脯，信心满满地保证在工期内完成。之后，他思考了一下，觉得将这两个项目采用 Vue3 作为技术选型，毕竟之前的 Vue2 太陈旧了，连 setup 都没有，写起来很麻烦。虽然旧项目由于僵化问题严重，难以升级，但新项目可以使用新的 Vue3 技术，终于不用编写烦人的选项式 API 了。

1. Exhibit（展览）与 Design（设计）项目的创建

在开始创建 Exhibit（展览）与 Design（设计）项目之前，我们应先考虑它们的定位、设计方法和实现方式。

首先讨论 Design 项目，其核心目标是构建一个活动页面，因此需要集成一个富文本编辑器。我们稍后将寻找一个合适的开源编辑器。从项目结构来看，它不需要导航菜单等元素，仅需一个主页面。尽管 Design 项目可能包含多个页面，但页面路由应由其父项目——"宝藏"项目来控制，这一点我们稍后再讨论。目前，我们只需要一个带有富文本编辑功能的提交页面。

对于 Exhibit 项目，它同样不需要菜单导航等组件，与 Design 项目相似，主要用于展示创建的展览页面。

我们可以通过 Vue 3 提供的"npm create vue@latest"命令快速创建这两个项目。这两个项目应与其他项目位于同一级别，如图 5-4 所示。

图 5-4 当前所有项目及目录结构

Design 项目的核心目录结构如图 5-5 所示，只有一个 create-page 页面，其他部分无须关注。

图 5-5　Design 项目的目录结构

由于我们创建广告页面需要一个富文本编辑器，因此可以通过 NPM 包安装一个开源的富文本编辑器。使用"npm install quill"命令安装 quill。在 create-page 页面文件中的代码如下：

```
<script setup lang="ts">
import { onMounted, ref } from 'vue'
import Quill from 'quill'
import 'quill/dist/quill.snow.css' // 引入 Quill 的样式
const editorRef: any = ref(null)
onMounted(() => {
    const editor = new Quill('#quill-content', {
        modules: {
            toolbar: [
                ['bold', 'italic', 'underline', 'strike'],
                ['blockquote', 'code-block'],
                [{ header: 1 }, { header: 2 }],
                [{ list: 'ordered' }, { list: 'bullet' }],
                [{ script: 'sub' }, { script: 'super' }],
                [{ direction: 'rtl' }],
                [{ size: ['small', false, 'large', 'huge'] }],
                [{ header: [1, 2, 3, 4, 5, 6, false] }],
                [{ color: [] }, { background: [] }],
                [{ font: [] }],
                [{ align: [] }],
                ['clean'],
                ['link', 'image', 'video']
            ]
        },
        theme: 'snow'
```

```
        })
        editorRef.value = editor
})
const submitPage = () => {
        console.log(editorRef.value.getSemanticHTML())
}
</script>
<template>
    <div class="design-page">
            <div class="header-area">
                    <header>创建展览页</header>
                    <button @click="submitPage">提交页面</button>
            </div>
            <div id="quill-content"></div>
    </div>
</template>
<style scoped>
/* 这里省略了一部分 CSS 代码 */
</style>
```

通过引入 quill 并绑定到指定 DOM 元素上，即可实现富文本编辑功能。modules 中是对富文本工具栏的一些配置。至此，当前 Design 项目的页面已完成。该页面的效果如图 5-6 所示。

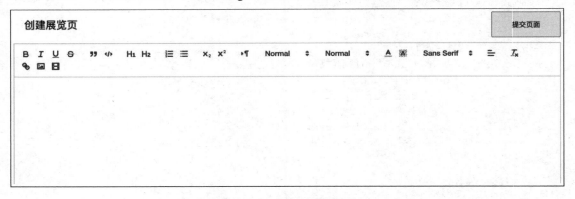

图 5-6　Design 页面的效果

Exhibit 项目当前呈现为一个纯文本页面。在实际应用场景中，它应通过后端接口获取富文本字符串以渲染页面。然而，鉴于该项目主要作为示例，这些细节并非关键，因此目前它仍为一个静态页面。页面的示例效果如图 5-7 所示。

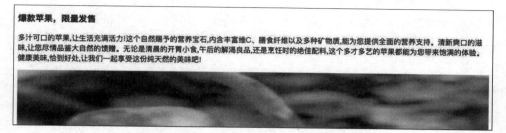

图 5-7　Exhibit 项目展示的页面

2. 嵌入"宝藏"项目

在"宝藏"项目中，我们需要新建一个菜单。可以直接在原有的 sidebar.vue 文件中增加如下菜单代码：

```
<el-submenu index="5">
    <template slot="title">
            <span>展览中心</span>
    </template>
    <el-menu-item index="design">创建展览页</el-menu-item>
    <el-menu-item index="exhibit">预览展览页</el-menu-item>
</el-submenu>
```

然后，在 router.js 中增加以下路径：

```
{
    path: "design",
    component: () => import("@/views/design-create/index"),
},
{
    path: "exhibit",
    component: () => import("@/views/exhibit-show/index"),
},
```

最后，新建两个文件：一个用于承载 Design 项目，另一个用于承载 Exhibit 项目，目录结构如图 5-8 所示。

图 5-8　"宝藏"项目的新增目录

页面内容十分简单，类似于之前的"白月光"项目，仅需嵌入一个 iframe：

```
<template>
    <div class="design-create">
        <iframe src="http://localhost:5173/create-page"
frameborder="0"></iframe>
    </div>
</template>
<script>
export default {
    name: "DesignCreate",
};
</script>
<style lang="less">
.design-create {
    width: 100%;
    height: 100%;
    iframe {
        width: 100%;
        height: 100%;
    }
}
</style>
```

至此，"宝藏"项目改造完毕。注意，iframe 的地址仍然是本地的地址，实际上可以通过环境注入来区分开发环境和生产环境地址。当然，为了减少关注点，后续步骤将直接修改为线上地址。

3. Exhibit 与 Design 项目的发布

相信读者对发布流程已经非常熟悉。发布一个新项目按照之前的模式，只需执行以下三步。

（1）配置 Jenkins。

（2）配置 Nginx。

（3）创建 dockerfile 和 build.sh 执行脚本。

以上三步即可完成我们的部署工作。接下来，我们将简要查看这两个项目的部署文件代码及发布过程。

在 Jenkins 的 section5 视图中，复制 section4 视图中的 treasure 项目，并将其命名为 treasure5，然后分别创建 treasureExhibit5 和 treasureDesign5 两个构建项目。我们需要修改其目录文件及相关拉取代码的分支。

目前，Jenkins 视图如图 5-9 所示，新增了 3 个"宝藏"项目相关的构建项目。

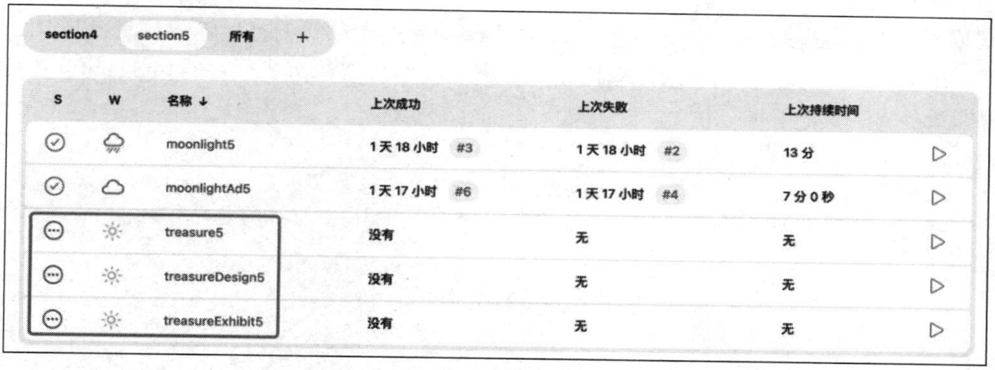

图 5-9　section5 项目视图

　　然后，修改宿主机的 Nginx 配置文件。这个过程比较简单，我们已有丰富的经验，只需在 treasure.zaking.cn 的 server 块中加入如下 location 配置即可：

```
server {
    listen 80;
    server_name treasure.zaking.cn;
    location / {
            proxy_pass http://localhost:90;
            proxy_set_header Host $host;
            proxy_set_header X-Real-IP $remote_addr;
            proxy_set_header X-Forwarded-For $proxy_add_x_forwarded_for;
}
location /design {
        rewrite ^/design(.*)$ $1 break;
        proxy_pass http://localhost:93;
        proxy_set_header Host $host;
        proxy_set_header X-Real-IP $remote_addr;
        proxy_set_header X-Forwarded-For $proxy_add_x_forwarded_for;
}
location /exhibit {
        rewrite ^/exhibit(.*)$ $1 break;
        proxy_pass http://localhost:94;
        proxy_set_header Host $host;
        proxy_set_header X-Real-IP $remote_addr;
        proxy_set_header X-Forwarded-For $proxy_add_x_forwarded_for;
    }
}
```

　　注意上面的 Nginx 配置，新增的 rewrite 是变动的核心。这个指令的作用是将以/design 开头的 URL 重写为去掉/design 前缀的 URL，相当于我们所有请求到/exhibit（/design）的路径，比如/design/实际上访问的就是"/"。这样可以确保正确进入 Docker 的 Nginx 的 location 中。当然，这只是宿主机和 Docker 的 Nginx 服务交互的一种方式，其他方式读者可以自行探索。

根据以前的经验，我们还需要修改 Exhibit 和 Design 两个项目的打包输出目录，以适配 Nginx 的代理。由于 Vue3 是通过 Vite 来打包构建的，因此我们只需在两个项目的 vite.config 中加入如下配置即可：

```
export default defineConfig({
    plugins: [vue(), VueDevTools()],
    base: '/exhibit', // 如果是 Design 项目，则修改为'Design'
    resolve: {
        alias: {
            '@': fileURLToPath(new URL('./src', import.meta.url))
        }
    }
})
```

目前，我们只剩下 dockerfile 和 build.sh 文件需要处理。需要注意的是，我们的 3 个"宝藏"项目与"白月光"项目有所不同。"白月光"的两个项目都采用了服务器端渲染（SSR），因此我们只需启动 Node 镜像来提供服务。然而，"宝藏"项目采用的是纯粹的客户端渲染（CSR），所以我们需要使用 Ubuntu 作为 Docker 的基础镜像。至于这两个文件的配置，我们只需复制 z-treasure 项目的相应文件并进行少量修改。

具体来说，复制的 dockerfile 只需修改最后的端口映射，以匹配我们在 Nginx 中配置的端口号。同时，还需修改 build.sh 中的镜像和容器名称，以及 Docker 的端口号映射。

另外，需要特别注意的是，在这两个 Vue 3 项目中，路由默认使用的是 History 模式。为了保持一致性和方便管理，我们在路由配置文件中将其更改为 Hash 模式。如果不清楚如何更改，可以参考 Vue Router 4 的官方文档。

还有一个重要的事项是，不要忘记将 z-treasure 中的 iframe 地址更新为线上地址。

完成上述配置和修改后，我们可以通过访问 http://treasure.zaking.cn/#/exhibit 来查看最终效果，如图 5-10 所示。

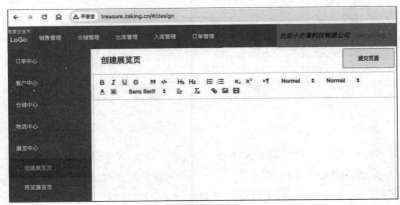

图 5-10　Design 项目嵌入构建的最终效果

5.2　iframe 通信

通信是前端开发中的一项常见需求，涵盖从单页面应用中组件间的交互到微应用间的通信。这些通信技术将原本分散的部分整合在一起，实现了从局部到整体的转变，从而构建出功能丰富的大型应用或微应用。

在微前端技术的实现中，使用 iframe 作为通信手段的方案多种多样。最直观的方法是通过 URL 进行通信，但这种方式并不适合作为主要的通信方案。尽管 URL 通信具有简单易用和良好的兼容性，它的缺点也十分明显：它不适合传递复杂数据，并且由于 URL 长度的限制，无法传输大量数据。更重要的是，URL 传递数据缺乏安全性，因为所有数据都明显地存储在浏览器的历史记录中，所以隐私数据不宜通过 URL 传输。

因此，URL 可以作为通信方案的一种补充，适用于传输一些简单、非敏感的数据，但不能作为唯一的有效数据传输手段。

除 URL 通信外，历史上还有一些早期浏览器技术不成熟时的临时解决方案，但这些方法并不适合现代 Web 前端应用。在现代前端浏览器层面，iframe 通信的最佳实践是使用 postMessage 方法。

在 2.5 节中，我们讨论了微前端实现的核心要点，其中提到了 postMessage 作为通信方案之一。当时只是简要介绍了方案的概要，而没有深入介绍具体的实现方法。

本节将基于 iframe 的基本架构，详细探讨如何通过 postMessage 作为核心通信方案来实现微应用间的通信。

5.2.1　postMessage 简介

postMessage 的设计目的是在不同源（origin）的窗口或 iframe 之间提供一种安全的通信机制。这种通信机制允许来自不同源的窗口相互发送消息，而不需要直接访问对方的 DOM 或 JavaScript 上下文。这有助于防止潜在的安全风险，如跨站脚本攻击（XSS）和数据泄露。

postMessage 具有如下优点。

● 跨源通信：postMessage 允许来自不同源的窗口或 iframe 之间进行通信。这意味着即使两个窗口的协议、域名或端口不同，它们也可以通过 postMessage 相互发送消息。

● 安全性：为了防止恶意消息的传播，postMessage 要求接收方明确指定允许接收消息的源。这可以防止未经授权的窗口接收到消息。此外，postMessage 的消息传递是单向的，接收方无法直接调用发送方的函数或访问其 DOM。

● 异步通信：postMessage 是异步的，这意味着消息的发送和接收不会阻塞浏览器的主线程。这有助于提高应用程序的性能和响应性。

● 事件驱动：postMessage 基于事件模型工作。发送方使用 postMessage 方法发送消息，接收方通过监听 message 事件来接收消息。这种事件驱动的模型使得通信更加灵活和可扩展。

综上所述，通过对 postMessage 的了解，可以毫不夸张地说，postMessage 是 iframe 通信的最佳选择。

5.2.2 postMessage 在 iframe 方案中的实践

在着手实现通信方案之前，我们先探讨父子通信的适用场景。

第一种场景是从项目角度出发，需要实现父级到子级的非业务层面的信息传递，例如登录账号的公司信息、个人信息、账户信息等。这类不依赖特定业务的全局性数据传递，通常会利用像 Vuex、Redux 这样的框架状态管理工具来统一管理，并通过浏览器的本地存储功能实现数据的持久化。

第二种场景则涉及具体的业务数据，仅在嵌套的父子页面间进行业务数据的交换和互动。在大多数情况下，这种业务交换所需的数据量并不会太大。如果在项目或业务中发现需要在嵌套了 iframe 的父子项目间进行大量且频繁的数据交互，那么可能是前后端的设计存在问题，请考虑从不同的角度思考或解决这个问题。

现在，让我们先在本地实现一个简单的父子页面通信示例，通过 postMessage 实现双向通信，以帮助读者熟悉 postMessage 的基本用法。

在"宝藏"项目嵌入 Design 子项目的 iframe 页面，也就是 design-create.vue 页面，我们将进行以下修改：

```
<template>
    <div class="design-create">
        <div class="header-tabs">
            <el-button @click="sendToDesignMicroApp">传递数据给
Design</el-button>
        </div>
        <!-- <iframe
src="http://treasure.zaking.cn/design/#/create-page" frameborder="0" ></iframe>
-->
        <iframe id="desingIframeApp" ref="iframeRef"
src="http://localhost:5173/design#/create-page" frameborder="0" ></iframe>
    </div>
</template>
```

在 DOM 层面上，我们先修改 iframe 地址为本地 Node 服务器的地址，然后增加一个触发

postMessage 事件的按钮。在 JS 中只需增加一个对应按钮的事件：

```
<script>
export default {
    name: "DesignCreate",
    data() {
            return {
                    count: 0,
            };
    },
    methods: {
            sendToDesignMicroApp() {
                    let iframe = document.querySelector("#desingIframeApp");
                    const data = {
                            name: "little zaking",
                            count: this.count++,
                    };
                    iframe.contentWindow.postMessage(data,
"http://localhost:5173");
            },
    },
};
</script>
```

　　代码很简单，容易理解，但这里还有一些重要的细节需要注意。首先，在按钮方法内不应添加 iframe.onload 事件，因为在 Vue 的生命周期中，iframe 的 onload 的执行顺序并不明确，因此在当前场景下，无须通过在按钮事件中添加 iframe 的 onload 事件来确定 iframe 是否加载完成。其次，不要使用 Vue 的$ref 来获取 iframe 的$ref（引用），通过$ref 获取的 DOM 与原生 DOM 略有不同，可能导致 postMessage 的执行顺序出现错乱。

　　"宝藏"父项目完成之后，只需在 Design 子项目中增加一个 postMessage 的监听事件即可：

```
const message = ref(null)
// 监听 message 事件
window.addEventListener('message', (event) => {
    message.value = event.data
})
```

　　在 script setup 的 onMounted 钩子中写入上面的代码，然后在 DOM 中添加显示即可：

```
<template>
    <div class="design-page">
            from parent:{{ message }}
            <div class="header-area">
                    <header>创建展览页</header>
                    <button @click="submitPage">提交页面</button>
```

```
          </div>
          <div id="quill-content"></div>
      </div>
</template>
```

通过终端启动这两个项目，即可在浏览器中查看效果，如图 5-11 所示。

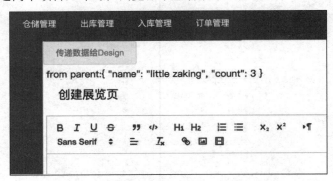

图 5-11　iframe 嵌套父传子

单击"传递数据给 Design"按钮，可以看到数据已经成功传递到子页面。在开始编写子传父的代码逻辑之前，我们先进行一个小测试，在"宝藏"项目的 mounted 钩子中加入如下代码：

```
mounted() {
    let iframe = document.querySelector("#desingIframeApp");
    iframe.onload = () => {
        iframe.contentWindow.postMessage(
            {
                name: "zaking",
            },
            "http://localhost:5173"
        );
    };
},
```

刷新页面后，可以看到数据成功传递给 Design 子项目。但是，如果去掉对 iframe.onload 事件的监听，子项目将无法获取到该数据。不过，单击按钮依然可以传递数据，主要原因在于浏览器的 onload 事件与 Vue 的 mounted 钩子的执行顺序问题，这一点需要特别注意。

接下来，在"宝藏"项目的 JS 中再加入一个 postMessage 的事件监听方法：

```
window.addEventListener("message", (event) => {
    this.sonMessage = event.data;
});
```

当然，还需要在 data 和 DOM 中加上 sonMessage 字段，以作为基本的显示内容。然后，在子项目中增加如下方法：

```
const submitDataToParent = () => {
    window.parent.postMessage('from-child', 'http://localhost:8080')
}
```

继续在 DOM 中增加一个绑定该事件的按钮即可：

```
<button @click="submitDataToParent">传递数据给父页面</button>
from parent:{{ message }}
```

单击按钮，我们就可以看到 Design 子项目传递给"宝藏"项目的数据，如图 5-12 所示。

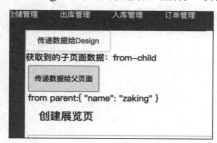

图 5-12　postMessage 子传父示例

至此，我们已经通过 postMessage 方法实现了父子页面以及子父页面之间的通信效果。不过，这里有一个问题：为什么在"宝藏"父项目中我们直接使用 iframe 调用 postMessage API，而在子项目中却使用 window.parent 呢？这个问题留给读者自行探索。

5.2.3　封装 postMessage

对于经常使用的通用函数，我们通常会将其封装成一套通用的工具方法，这样有助于统一管理和使用。本小节将展示如何对 postMessage 进行简单封装。

在继续讲述小王的微前端故事之前，先删除 5.2.2 节中的简单示例代码。

老板对小王的项目成果非常满意。然而，运营团队向老板反映，在创建活动页面时效率不高，因为每次创建活动页面，调整字段、图片和细节等都需要耗费大量时间。他们希望能在创建活动页面的过程中增加一些快捷键，以便快速生成特定的段落或图片，从而显著减少页面创建时间并提高工作效率。老板认为这是一个非常有价值的建议，便与小王讨论了这一需求。小王认为这并不复杂，只是父子页面间的通信问题，相对容易实现。

基于这一背景，我们将在"宝藏"项目中首先增加一个选项栏：

```
<div class="quick-input_columns">
   <el-button-group>
        <el-button type="primary" v-for="item in
```

```
columnsList" :key="item.type"
@click="submitTypeToDesignMicro(item.type)" >{{ item.name }}</el-button>
      </el-button-group>
  </div>
  <script>
  export default {
      name: "DesignCreate",
      data() {
          return {
              sonMessage: "",
              count: 0,
              columnsList: [
                  {
                      type: "paragraph",
                      name: "段落",
                  },
                  {
                      type: "header",
                      name: "标题",
                  },
                  {
                      type: "small-image",
                      name: "插入小图",
                  },
                  {
                      type: "big-image",
                      name: "插入大图",
                  },
                  {
                      type: "list",
                      name: "列表",
                  },
              ],
          };
      },
      methods: {
          submitTypeToDesignMicro(type) {
              console.log(type, "type");
          },
      },
  };
  </script>
  <style lang="less">
  .design-create {
```

```
      width: 100%;
      height: 100%;
      iframe {
            width: 100%;
            height: 100%;
      }
      .quick-input_columns {
            padding: 10px;
            box-sizing: border-box;
      }
}
</style>
```

这是较为完整的代码，效果如图 5-13 所示。

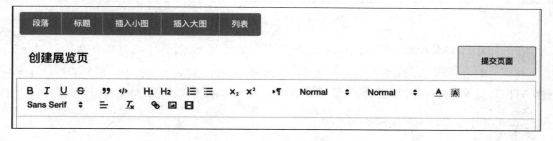

图 5-13　快捷键的效果

接下来，修改传递给子项目的方法：

```
submitTypeToDesignMicro(type) {
    const designMicroIframeRef =
document.querySelector("#desingIframeApp");
    designMicroIframeRef.contentWindow.postMessage(
          type,
          "http://localhost:5173"
    );
},
```

在子项目中，可以定义一个方法来监听 message 事件：

```
const initMessageListener = () => {
    window.addEventListener('message', (event) => {
          console.log(event.data, 'event.data')
    })
}
```

当然，还需要在 onMounted 钩子中调用：

```
onMounted(() => {
    initEditor()
    initMessageListener()
})
```

然后，单击按钮，可以看到如图 5-14 所示的效果。

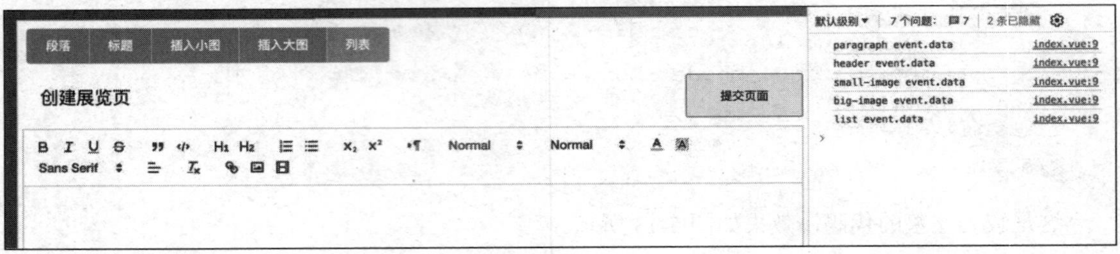

图 5-14　父传子效果展示

在开始对 postMessage 封装之前，我们需要思考如何设计这个工具方法的参数和使用方式。

首先，笔者希望在页面中通过 this 来调用 postMessage。在 Vue 项目中，通常通过 Axios 来实现 HTTP 请求与后端交互，因此笔者希望这个 postMessage 能像调用 Axios 那样使用：

```
this.$postMessage(/*省略参数*/)
```

在确定完调用方式之后，还需要明确封装函数的参数。明确封装方法的参数，实际上就是对 postMessage API 的使用方法的分解。postMessage 的官方使用方法如下：

```
otherWindow.postMessage(message, targetOrigin, [transfer]);
```

通过某个窗口的引用来调用 postMessage API，再通过传入给 postMessage 的参数来确定目标窗口和需要传递的数据。

在 src 目录下新建一个 utils/post-message 文件：

```
export default postMessage = function(message) {
    console.log(message);
};
```

然后在 main.js 中引入并绑定到 Vue 的原型上：

```
import postMessage from "@/utils/post-message";
Vue.prototype.$postMessage = postMessage;
```

这样，我们就可以在页面中直接调用了：

```
submitTypeToDesignMicro(type) {
    this.$postMessage("okokok");
    const designMicroIframeRef =
```

```
document.querySelector("#desingIframeApp");
    designMicroIframeRef.contentWindow.postMessage(
            type,
            "http://localhost:5173"
    );
},
```

至此，准备工作就完成了。其实可以用最简单的方式来编写$postMessage 的参数：

```
export default postMessage = function(window,message,target,transfer) {
    window.postMessage(message,target,transfer);
};
```

这样，传递给子项目的方法可以进行如下修改：

```
submitTypeToDesignMicro(type) {
    const designMicroIframeRef =
document.querySelector("#desingIframeApp");

this.$postMessage(designMicroIframeRef.contentWindow,"http://localhost:5173",
type);
},
```

这样实现实际上已经可以使用，但似乎给人一种冗余的感觉。让我们先暂停一下，假设我们确实封装了 postMessage API，并且在大多数页面中使用了这种封装，那么封装的意义何在？难道仅仅为了包装一层函数？直接使用原生方法不行吗？

答案是可行的。实际上，即使这样做，封装仍然有其价值，因为它带来了代码重用所带来的一系列积极效果，如解耦和便于测试等。当然，对于这样的函数，目前还需要进行一些优化：

```
export default postMessage = function () {
    const params = Array.prototype.slice.call(arguments);
    const windowSource = params[0];
    params.splice(0, 1);
    if (windowSource && windowSource.postMessage) {
            windowSource.postMessage(...params);
    }
};
```

查看上面的代码，我们不再给函数设置显式参数，而是通过 arguments 来获取传入的任意参数。第一个参数作为调用 postMessage 方法的目标窗口，剩下的参数可以直接通过扩展运算符传递给 postMessage API，这样就为我们封装的方法增加了一定的灵活性。

至此，我们对 postMessage 的简单封装就完成了。随后，在 Design 子项目中，把获取的数据显示在富文本编辑器中：

```
const initMessageListener = () => {
```

```
window.addEventListener('message', (event) => {
    if (event.data) {
        editorRef.value.root.innerHTML = event.data
    }
})
}
```

只需要简单地修改 initMessageListener，将父项目传递过来的数据显示给 quill 富文本即可。

接下来，我们希望把编辑好的富文本内容通过 postMessage 传递给父项目，在父项目中触发提交给后端接口的操作。按照之前的简单示例，首先在"宝藏"项目中增加一个监听 postMessage 的事件：

```
mounted() {
    window.addEventListener("message", this.getDataFromChild);
},
```

getDataFromChild 方法如下：

```
getDataFromChild(event) {
    this.submitResult = event.data;
    this.$axios({
        url: "https://httpbin.org/post",
        method: "post",
        data: {
            content: this.submitResult,
        },
    }).then((res) => {
        this.$message.success("提交成功");
        console.log(res, "res");
    });
},
```

这里简单调用了一下 HTTP 请求，然后进入子项目中，修改 submitPage 方法即可：

```
const submitPage = () => {
    const resultStr = editorRef.value.getSemanticHTML()
    window.parent.postMessage(resultStr, 'http://localhost:8080')
}
```

至此，整个父子数据的交互以及 postMessage 方法的简单封装基本完成。

修改 postMessage 的域名并发布到服务器，就可以在线上查看效果了，如图 5-15 所示。

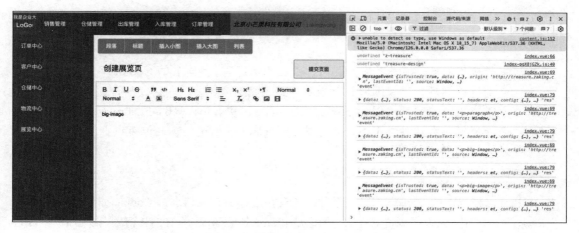

图 5-15　线上 postMessage 示例

5.3　iframe 共享登录态

登录状态共享的核心机制是 Cookie。Cookie 最初的设计目的是区分浏览器中的不同用户，解决 HTTP 协议无状态的问题。它通过在客户端存储数据来跟踪和识别用户，从而提供个性化的用户体验和服务。

Cookie 的常见用途是维持用户的登录状态，这样用户在访问网站时可以被识别，而无须频繁进行身份验证。可以说，Cookie 的设计让用户在互联网上拥有了具体的身份。当然，Cookie 不仅仅用于用户身份验证，它还可以在某些场景下用于分析用户行为和完善用户画像。这听起来可能很复杂，但你是否遇到过访问网站时弹出的授权使用 Cookie 的提示？如果你点击"同意"按钮，那么你授权的就是 Cookie 的数据记录功能。

在浏览器环境中，通常使用 Cookie 来存储用户的登录验证信息，这往往是一个 token（令牌），服务器会利用该 token 来确定是用户的访问还是访客的访问。但 Cookie 的使用通常会有一些限制。

大多数情况下，Cookie 是在服务器端设置的，通过 HTTP 响应来设置 Cookie。客户端也可以通过 document.cookie 属性来设置 Cookie，但绝不建议在客户端设置 Cookie，因为客户端通常不安全，你无法预测用户可能会如何拦截和篡改 Cookie。

在微前端自主开发的背景下，大多数 iframe 子应用可以设计成与主应用同域的业务场景，以简化开发方案。

接下来，我们需要了解一些关于 Cookie 的基本知识，以加深我们对利用 Cookie 共享登录状态的理解。

在第 3 章中，我们简要介绍了跨域和跨站的概念。基于微前端主子应用的前提，可以分为以下几种场景：

- 主子应用同域：在同域情况下，Cookie 可以共享，但同名的 Cookie 可能会被覆盖。遇到这种问题，可以通过设计或约定来避免。
- 主子应用跨域同站：例如 https://a.baidu.com 和 https://b.baidu.com 就是典型的跨域同站情况。在这种情况下，主子应用的 Cookie 无法共享，但可以通过设置 domain 属性来实现 Cookie 共享。
- 跨站：Cookie 完全无法共享。

除 iframe 情况下的 Cookie 携带关系外，还有在进行 HTTP 请求时 Cookie 如何携带的情况，但其本质并无区别，因为在浏览器看来，无论是 iframe 还是 Ajax 的 HTTP 请求，核心都是 HTTP 请求。对此有兴趣的读者可以自行尝试探索。

接下来要编写的代码并不复杂。即便在主应用和子应用不同域的情况下，也不需要编写过于复杂的代码。整个 iframe 子项目中最复杂的部分实际上在于浏览器对某些场景的限制及其背后的原因。

本节的主要目的是通过修改登录方法，利用 Vuex 调用 actions 执行登录操作。在登录的 actions 中，我们将通过 js-cookie 库在前端设置 Cookie。

核心代码都在"宝藏"项目的 store/index.js 下：

```
import Vue from "vue";
import Vuex from "vuex";
import axios from "axios";
import Cookies from "js-cookie";
Vue.use(Vuex);
const TOKEN_KEY = "z-treasure_key";
export function getToken() {
    return Cookies.get(TOKEN_KEY);
}
export function setToken(token) {
    return Cookies.set(TOKEN_KEY, token);
}
export function login(data) {
    return axios({
            url: "https://httpbin.org/post",
            method: "post",
            data,
    });
}
export default new Vuex.Store({
    state: {
```

```
                token: getToken(),
        },
        getters: {},
        mutations: {
                SET_TOKEN: (state, token) => {
                        state.token = token;
                },
        },
        actions: {
                login({ commit }, userInfo) {
                        const { username, password } = userInfo;
                        return new Promise((resolve, reject) => {
                                login({ username: username.trim(), password:
password })
                                        .then((response) => {
                                                const { password, username } =
response.data.json;
                                                if (username === "zaking" && password
=== "treasure") {
                                                        const token =
`${username}-${password}`;

                                                        commit("SET_TOKEN", token);
                                                        setToken(token);
                                                        resolve();
                                                } else {
                                                        reject("用户名或密码错误");
                                                }
                                        })
                                        .catch((error) => {
                                                reject(error);
                                        });
                        });
                },
        },
        modules: {},
});
```

整个代码并不复杂，其中一部分逻辑来自之前登录页面的 login 方法，然后通过 actions 触发 mutation，修改 state 中的 token 字段，并通过 js-cookie 设置 Cookie 即可。接下来，修改 "宝藏" 项目中的 login 页面的 onSubmit 方法：

```
onSubmit() {
    this.$store
    .dispatch("login", this.form)
```

```
      .then(() => {
          this.$router.push("/");
      })
      .catch((err) => {
          this.$message.error(err);
      });
  },
```

再在父子项目中打印一下登录时设置的 Cookie，我们无须更改任何域名内容，因为发布到线上后，其实也是在同一个域名下，线上效果如图 5-16 所示。

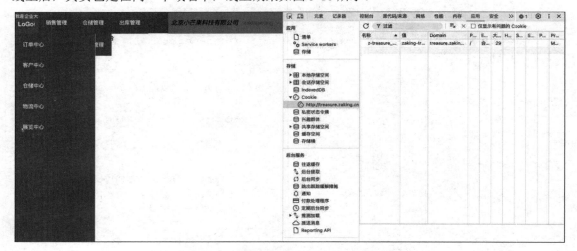

图 5-16　线上登录后 Cookie 示例

5.4　本章小结

到目前为止，前 5 章所讲述的内容可能与读者预期的微前端不完全一致。这些内容似乎与想象中的微前端有些差异。微前端不是应该涉及 Webpack、pnpm、各种微前端框架和构建工具吗？为什么简单地创建两个项目，嵌入一些 iframe，就能算是微前端的方案和实现呢？我们暂时搁置这个问题。本书至此，可以说是一个分水岭。让我们先回顾一下之前学习的内容。

第 1 章，我们重点讲解了各种"块"与"块"之间的关系。这里的"块"是指在特定场景下，可以根据某种逻辑或定义区分的独立个体。例如，在前端技术领域，模块间的关系、类与类的关系、函数间的关系、领域间的关系、浏览器进程间的关系以及微应用间的关系等。如果我们跳出技术范畴，从社会和宇宙的角度来看，也可以这样理解，比如星系间、恒星间，甚至人与人之间的关系。因此，希望读者可以从前端领域的不同方面来理解微前端的真正含义。

　　第 2 章和第 3 章，我们着重讲解了微前端的相关概念和实现方案。通过这两章的学习，希望读者对微前端有一个具体而形象的认识，为接下来的实践打下基础。

　　第 4 章和第 5 章，我们着重讲解了微前端实现方案中实用的两个微前端方案：路由式微前端和 iframe 微前端。这两种方案具有一定的相似性，例如 Cookie 共享，通过 postMessage 在微应用间通信等。从前端的角度来看，这两个方案最大限度地利用了浏览器自身的能力，减少了开发技术层面模拟所带来的问题。因此，无论是中小型公司还是大型公司，这些方案都是非常重要且实用的，希望读者给予足够的重视。

　　回到本节开始的问题，微前端的核心不在于使用多么复杂的技术工具，而在于如何实现应用的拆分与聚合。

第6章

客户端侧组合方案

本章将引导读者实现一些前端组合方案。相信读者对 CSR（客户端渲染）和 SSR（服务器端渲染）都有所了解。两者的核心区别在于：CSR 是在浏览器中执行 JavaScript 代码来生成 DOM，这一过程在用户本地计算机的浏览器中完成；而 SSR 则是在服务器中通过 Node.js 环境实现的，服务器生成完整的 HTML 后，通过 HTTP 将页面传递给前端浏览器，由浏览器直接进行渲染。

由此，前端侧组合和服务侧组合的概念应运而生。前端侧组合的亮点在于 CSR，即利用各种前端技术（主要是 JavaScript）来实现动态的集成和组合方案。

服务器侧组合也很容易理解，它指的是在服务器端的 Node.js 环境中执行 JavaScript 代码，以组合各个微应用。需要注意的是，服务侧组合并不总是意味着每个页面或整个单页面应用都是通过服务端来组合的，它可能仅表示服务端生成了部分页面内容。

接下来，让我们先探讨客户端（即前端侧）的组合方案及其实现方式。

6.1　NPM 方案

本节将尝试使用 NPM 方案来实现微应用的接入和切换，通过生成 NPM 包的形式构建微应用并嵌入主应用，最终发布到生产环境，从而可以在线上访问和使用。

NPM 是 Node.js 的官方包管理工具，它不仅是安装和管理第三方库的标准工具，也是发布、共享和重用代码片段的核心平台。自从 NPM 随 Node.js 问世以来，它不仅仅扮演了基础包管理工具的角色，还构建起了一个宏大的生态系统，极大地推动了模块化开发模式的发展。NPM 的存在使开发者能够轻松地共享和重用代码，促进了技术创新和协作，成为现代 JavaScript 开发不可或缺的一部分。

换句话说，NPM 的核心功能在于模块化和代码重用。它允许我们将可复用的代码发布到 NPM 的公共平台上。当然，用户也可以搭建自己的服务器，将打包好的代码包发布到私有服务器，以实现代码的复用。

如果你计划发布一个 Vue 组件，并期望在 React 项目中使用它，那么打包的代码或组件必须包含适用于相应环境的依赖项，以确保所有必要的依赖都被打包进去。这意味着，即使你只想发布一个很小的功能，也可能需要包含许多支持该功能的额外包。在这种情况下，包的使用场景应该非常广泛，否则不建议使用非主应用环境的其他框架来进行开发。

NPM 方案的核心实际上是构建一个包或库，供需要的项目直接引入。它的特点是技术栈无关、移植性和复用性较好，并且具有良好的嵌入性，能够共享进程资源等。然而，这也可能带来其他问题，比如 CSS 冲突和全局变量冲突，这需要额外的精力和技术来维护 NPM 包。在微应用变动后，需要重新发布并构建主应用等。

因此，在实际应用中，读者需要权衡技术设计，从而选择合适的方案。

小王的故事暂时画上了句号，与此同时，公司的业务也在稳步向前发展。小王的工作压力有所减轻，他开始在工作之余抽出时间深入学习微前端更深层次的知识。接下来，让我们跟随小王的脚步，一同探索微前端领域的知识。

6.1.1 项目创建及基本目录结构

在开始实践之前，请切换到新的 section6-npm 分支，并把之前的所有项目全部删除，以便重新开始几个项目作为案例演示。

在 NPM 方案中，理论上并不推荐在非兼容宿主环境的技术环境中大量复用代码，例如以 Vue 为基座却使用 React 作为 NPM 包的情况。这里有三个判断条件可以作为参考依据：首先，要考虑主应用和子应用是否采用相同的技术框架；其次，子应用的大小也是一个重要因素；最后，复用的频率也需要考虑。读者需要综合考虑这三个关键指标，以决定是否采用 NPM 作为微前端架构的解决方案。

实际上，在多数情况下，尤其是在中小型项目中，推荐主应用和子应用使用相同的技术栈，这样可以基本避免后两个因素的影响。当然，如果你的代码复用需求非常高，而又无法采用相同的技术栈，就需要认真审视设计方案是否恰当。

综上所述，NPM 方案更适合小型微应用的代码复用。如果微应用的资源过于庞大，就需要对其进行优化处理，这可能会增加开发者的认知负担。此外，如果集成的微应用数量过多，还需要考虑如何有效复用同一框架下的资源等问题。

我们将直接通过 vue-cli 和 create-react-app 脚手架创建 main-react-app、micro-vue3-app 和 micro-react-app 三个项目，基本目录结构如图 6-1 所示。

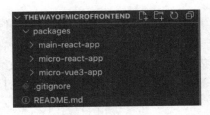

图 6-1 微前端 NPM 方案的目录结构

1. Monorepo 简介

Monorepo（单仓库）是一种代码管理策略，将多个项目（如多个包或应用程序）存储在同一个代码仓库中。这种方法在大型组织和前端项目中较为常见。在前端领域，Monorepo 通常与 Lerna、Yarn Workspaces 或 Nx 等工具一起使用，以帮助管理和优化这种多项目结构。

Monorepo 的优点如下。

- 代码共享和复用：将相关项目放在一个仓库中可以更容易地共享和复用代码，例如公共组件、工具函数或配置。
- 统一依赖管理：Monorepo 可以统一管理所有项目的依赖，减少版本冲突和维护成本。
- 跨项目协作：在一个仓库中工作可以更容易地在项目之间共享责任，提高团队成员之间的协作效率。
- 统一构建和测试：Monorepo 可以统一管理所有项目的构建、测试和部署流程，实现更高效的自动化工作流。
- 历史记录和版本控制：在一个仓库中跟踪所有更改有助于更好地理解项目的历史和依赖关系。
- 更容易进行大规模重构：由于所有相关代码都在一个仓库中，进行大规模重构更容易确保一致性。

既然有优点，就不可避免地会有一些弊端和问题，通常单仓库也会带来以下问题。

- 仓库规模过大：随着项目和代码数量的增长，仓库可能会变得庞大且难以管理。这可能导致克隆速度变慢、CI/CD 时间变长以及更高的存储需求。
- 权限管理复杂度增加：在一个包含多个项目的仓库中，设置适当的访问控制和权限可能变得更加复杂。
- 学习曲线较陡：对于新成员来说，熟悉整个 Monorepo 结构可能需要一定的时间。
- 依赖冲突：尽管 Monorepo 可以统一管理依赖，但在某些情况下仍然可能出现依赖冲突问题。

可以看到，Monorepo 的核心优点在于代码在同一个仓库中的统一管理和复用。然而，如果项目特别庞大，Monorepo 也可能因规模问题而带来各种影响，例如权限管理几乎形同虚设，拉取代码耗时过长，CI/CD 时间超长，甚至在某些情况下，修改一个小需求就需要更新整个仓库。因此，我们可以大致总结一下 Monorepo 的适用场景：

（1）大型组织或企业级应用，其中多个团队需要紧密协作开发跨项目的功能。

（2）具有许多共享组件和工具的 UI 库或框架的开发。

（3）多项目和微前端架构，需要统一管理前端资源和依赖。

综上所述，Monorepo 使用的是一种单仓库管理的思路，而 Lerna 是实现这种单仓库方案的具体技术手段。

2. Lerna 简介

Lerna 是一个用于管理具有多个包的 JavaScript 项目的工具，适用于 Monorepo 架构。它通过优化依赖管理、版本控制以及提供一系列自动化任务，帮助开发者更高效地管理 Monorepo 项目。Lerna 具有如下优点。

● 代码共享和复用：将相关项目放在一个仓库中可以更容易地共享和复用代码，例如公共组件、工具函数或配置。

● 统一依赖管理：Monorepo 可以统一管理所有项目的依赖，减少版本冲突和维护成本。

● 跨项目协作：在一个仓库中工作更容易在项目之间共享责任，提高团队成员之间的协作效率。

● 统一构建和测试：Monorepo 可以统一管理所有项目的构建、测试和部署流程，实现更高效的自动化工作流。

● 历史记录和版本控制：在一个仓库中跟踪所有更改有助于更好地理解项目的历史和依赖关系。

● 更容易进行大规模重构：由于所有相关代码都在一个仓库中，进行大规模重构更容易确保一致性。

在使用 Lerna 的过程中，也可能会由于其本身的问题导致项目出现一些意料之外的冲突，Lerna 通常存在以下问题。

● 性能问题：Lerna 在执行某些操作（如安装依赖、运行脚本等）时可能性能较差，尤其是在大型项目中。

● 命令行界面不够直观：Lerna 的 CLI 界面有时可能令人困惑，对新手不太友好。

● 依赖冲突处理有限：虽然 Lerna 可以帮助用户管理依赖，但在某些情况下仍可能出现依赖冲突问题。

除 Lerna 外，适合 Monorepo 项目的工具还有 NPM Workspace/Yarn Workspace 和 pnpm Workspace 等，这三者都是包管理工具内置的一种 Workspace 能力，各有优劣，也可以组合使用。

6.1.2 本地 NPM 方案的实践

首先，把 packages 中的项目通过 Lerna 关联，注意要在根目录执行以下命令：

```
npx lerna init --packages="packages/*"
```

通过查阅 Lerna 的官方文档，我们可以了解到，使用上述代码初始化项目后，可以把 Packages 中的项目关联起来。

1. 主项目代码修改

首先，在 main-react-app 中删除一些无用的代码，尽量保持目录的整洁。然后，新建一个 Vue.js 和 React.js 组件，作为后续嵌入的两个微应用，此时，目录结构如图 6-2 所示。

图 6-2　main-react-app 主应用当前的目录结构

接下来，在 main 项目中增加一个 react-router-dom 包，使用以下命令进行安装，注意命令行工具的当前位置应在 main 项目目录中：

```
npm install react-router-dom
```

随后，稍微修改一下 App.js 文件，代码如下：

```
import "./App.css";
import { Outlet, Link } from "react-router-dom";

function App() {
    return (
```

```
        <div className="App">
            <div className="header-nav">
                <span>
                    <Link to={"react"}>React 微应用</Link>
                </span>
                <span>
                    <Link to={"vue"}>Vue 微应用</Link>
                </span>
            </div>
            <div className="micro-content">
                <Outlet></Outlet>
            </div>
        </div>
    );
}

export default App;
```

代码很简单，通过路由切换两个组件，这两个组件用于嵌入两个微应用的载体。以下是
React.js 和 Vue.js 的代码：

```
// Vue.js
import React from "react";
const containerId = 'vue-app';
function VueApp() {
    return <div id={containerId}>vue</div>;
}
export default VueApp;

// React.js
import React from "react";
const containerId = 'react-app';
function ReactApp() {
    return <div id={containerId}>react</div>;
}
export default React.memo(ReactApp);
```

代码很简单，只有一个纯粹的 DIV，其中没有任何内容。接下来，直接在 index.js 中添加路
由即可：

```
import React from "react";
import ReactDOM from "react-dom/client";
import "./index.css";
import App from "./App";
import reportWebVitals from "./reportWebVitals";
import { createBrowserRouter, RouterProvider } from "react-router-dom";
import ReactApp from "./React";
import VueApp from "./Vue";
const router = createBrowserRouter([
```

```
        {
                path: "/",
                element: <App />,
                children: [
                        {
                                path: "react",
                                element: <ReactApp />,
                        },
                        {
                                path: "vue",
                                element: <VueApp />,
                        },
                ],
        },
]);

const root = ReactDOM.createRoot(document.getElementById("root"));
root.render(<RouterProvider router={router} />);
// const root = ReactDOM.createRoot(document.getElementById('root'));
// root.render(
//    <React.StrictMode>
//       <App />
//    </React.StrictMode>
// );

// If you want to start measuring performance in your app, pass a function
// to log results (for example: reportWebVitals(console.log))
// or send to an analytics endpoint. Learn more: https://bit.ly/CRA-vitals
reportWebVitals();
```

至此，基本的页面改造已完成。在 main 目录下执行"npm run start"命令，即可查看效果，如图 6-3 所示。

图 6-3　main-react-app 项目基本改造后的效果

2. 生成 Vue 微应用包

输出一个包或库的过程与生成静态资源文件的过程略有不同，我们需要简单修改 Vue 微项目的打包配置。首先，修改 vue.config.js 配置文件，在其中增加以下 CSS 的内联处理，以避免产生 CSS 文件：

```
const { defineConfig } = require('@vue/cli-service')
module.exports = defineConfig({
```

```
    transpileDependencies: true,
    // 内联 CSS 样式处理
    css: { extract: false }
})
```

接下来，修改 package.json 中的 scripts 脚本的 build 命令和包的入口配置：

```
"scripts": {
    // 其他
    "build": "vue-cli-service build --target lib --name vue-app --inline-vue
src/main.js"
},
"main": "dist/vue-app.common.js",
```

其中，main 定义了打包后的 NPM 包入口文件的位置，而 build 命令增加了一些配置。其中，--inline-vue 表示把 Vue 的框架代码构建到模块文件中，src/main.js 定义了构建文件的入口。

随后，稍微修改一下 src/main.js 的内容：

```
import { createApp } from 'vue'
import App from './App.vue'
// createApp(App).mount('#app')
let app;
export function mount(containerId) {
    console.log("vue app mount");
    app = createApp(App);
    app.mount(`#${containerId}`);
}

export function unmount() {
    console.log("vue app unmount: ", app);
    app && app.unmount();
}
```

我们舍弃了原来的 mount 方法，暴露出 mount 和 unmount 两个自定义方法。这两个方法实际上是直接调用 Vue 实例的 mount 和 unmount。

至此，Vue 微应用的 NPM 包输出配置的修改就完成了。在该项目目录下执行"npm run build"就可以生成一个包，如图 6-4 所示。

图 6-4 Vue 微应用包输出的目录结构

然后，还需要修改主应用中的 Vue.js 文件：

```
import React, { useEffect } from "react";
const { mount, unmount } = require('micro-vue3-app')
const containerId = 'vue-app';
function VueApp() {
    useEffect(() => {
            mount(containerId);
            return () => {
                    unmount();
            };
    }, []);
    return <div id={containerId}></div>;
}
export default VueApp;
```

在主应用中引入生成的 Vue 微应用包，然后通过 useEffect 执行 Vue 微应用暴露出的挂载和卸载方法。接下来，刷新主应用，按 Tab 键切换到 Vue 路径，即可看到效果，如图 6-5 所示。

图 6-5　主应用载入 Vue 微应用页面

3. 生成 React 微应用

因为 React 没有默认的暴露打包配置，所以需要先在 React 微应用目录下执行"npm run eject"，将 Webpack 配置暴露出来。执行命令后，可以看到项目目录中增加了一个 config 文件夹，这就是 React 的 Webpack 配置。

首先，与 Vue 微应用一样，在 package.json 中添加一个文件入口地址：

```
{
    "name": "micro-react-app",
    "version": "0.1.0",
    "private": true,
    "main": "build/main.js", // 新增配置
    // 其他配置
}
```

然后修改 config/webpack.config.js，共需进行三处修改：处理图片内联、增加输出文件的类型以及配置输出打包单文件的插件。

在 plugins 选项的最后增加一个插件配置：

```
// 构建单个 JS 脚本
new webpack.optimize.LimitChunkCountPlugin({
    maxChunks: 1,
}),
```

继续在 output 选项的最后增加一个 library 配置：

```
library: {
    type: "commonjs",
},
```

还需要修改 output 的 filename 选项，让输出的名字更简单：

```
// filename: isEnvProduction
//    ? "static/js/[name].[contenthash:8].js"
//    : isEnvDevelopment && "static/js/bundle.js",
filename: "[name].js",
```

最后，在 module 选项中修改与图片相关的配置：

```
{
    // "oneOf" will traverse all following loaders until one will
    // match the requirements. When no loader matches it will fall
    // back to the "file" loader at the end of the loader list.
    oneOf: [
        // TODO: Merge this config once `image/avif` is in the mime-db
        // https://github.com/jshttp/mime-db
        {
            test: [/\.avif$/],
            mimetype: "image/avif",
            type: 'asset/inline',
        },
        // "url" loader works like "file" loader except that it embeds assets
        // smaller than specified limit in bytes as data URLs to avoid
```

```
requests.
            // A missing `test` is equivalent to a match.
            {
                test: [/\.bmp$/, /\.gif$/, /\.jpe?g$/, /\.png$/],
                type: 'asset/inline',
            },
            {
                test: /\.svg$/,
                // SVG 内联
                //
https://webpack.js.org/guides/asset-modules/#inlining-assets
                type: 'asset/inline',
                use: [
                    // {
                    //   loader: require.resolve("@svgr/webpack"),
                    //   options: {
                    //     prettier: false,
                    //     svgo: false,
                    //     svgoConfig: {
                    //       plugins: [{ removeViewBox: false }],
                    //     },
                    //     titleProp: true,
                    //     ref: true,
                    //   },
                    // }
                    // {
                    //   loader: require.resolve("file-loader"),
                    //   options: {
                    //     name: "static/media/[name].[hash].[ext]",
                    //   },
                    // },
                ],
                issuer: {
                    and: [/\.(ts|tsx|js|jsx|md|mdx)$/],
                },
            },
        ]
    }
```

其实，只需将相关的图片配置注释掉，并全部改为内联处理即可。同时，也需要把抽离 CSS 的插件注释掉：

```
const getStyleLoaders = (cssOptions, preProcessor) => {
    const loaders = [
        // isEnvDevelopment && require.resolve("style-loader"),
```

```
        // isEnvProduction && {
        //    loader: MiniCssExtractPlugin.loader,
        //    // css is located in `static/css`, use '../../' to locate
index.html folder
        //    // in production `paths.publicUrlOrPath` can be a relative path
        //    options: paths.publicUrlOrPath.startsWith(".")
        //     ? { publicPath: "../../" }
        //     : {},
        // },
        require.resolve("style-loader"),
        //...
    ].filter(Boolean);
    //...
    return loaders;
};
```

接下来，修改 React 微应用的 src/index.js 文件，这一过程与 Vue 微应用的改造类似：

```
import React from "react";
import ReactDOM from "react-dom/client";
import "./index.css";
import App from "./App";
// import reportWebVitals from './reportWebVitals';
let root;
export function mount(containerId) {
    console.log("react app mount");
    root = ReactDOM.createRoot(document.getElementById(containerId));
    root.render(
        <React.StrictMode>
            <App />
        </React.StrictMode>
    );
}

export function unmount() {
    console.log("react app unmount: ", root);
    root && root.unmount();
}

// If you want to start measuring performance in your app, pass a function
// to log results (for example: reportWebVitals(console.log))
// or send to an analytics endpoint. Learn more: https://bit.ly/CRA-vitals
// reportWebVitals();
```

现在我们可以通过 "npm run build" 命令生成打包后的文件，生成结果目录如图 6-6 所示。

随后返回到 React 主应用的 React.js 中，引入 React 微应用包：

```
import React, { useEffect } from "react";
const { mount, unmount } = require("micro-react-app");
const containerId = 'react-app';
function ReactApp() {
    useEffect(() => {
            mount(containerId);
            return () => {
                    unmount();
            };
    }, []);
    return <div id={containerId}></div>;
}
export default React.memo(ReactApp);
```

最后，在本地浏览器中输入主应用的端口号即可查看效果，如图 6-7 所示。

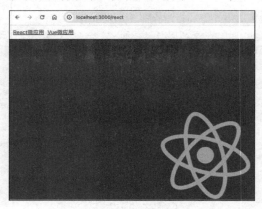

图 6-6　React 微应用打包产物目录结构　　　　图 6-7　本地示例最终效果

4. 小结

在整个本地示例的开发过程中，我们没有进行任何与微应用引入相关的配置，比如在主应用的 package.json 中配置 dependencies、创建软链接等，如果现在从 GitHub 下载该项目，直接在根目录执行"npm run install"命令即可安装所有项目的依赖；通过"npm run start"命令即可在页面中看到效果。

那么，Lerna 到底做了什么呢？

Lerna 把所有的 Workspace 中的文件目录映射到 node_modules 中，如图 6-8 所示。

图 6-8　node_modules 本地包

通过 workspace，当前目录下的所有包都会以软链接的方式连接到当前目录的 node_modules 依赖中。这样，主应用就可以像远程安装那样使用本地 workspace 中的项目包。

在本例中，不仅把微应用的包映射到了依赖中，还把主应用的包也映射了过去。作为例子，这样做没有问题，但如果要发布到生产环境，这种方式肯定不行。因为主应用的 dependencies 配置缺失，主应用将无法确定需要下载哪些依赖包。

6.1.3　将 NPM 方案示例发布到线上

发布本地已完成的示例代码需要分为两个步骤：首先，将本地生成的微应用发布到 NPM 的远程公共仓库，以便所有人都可以下载这些发布的包。当然，NPM 也支持发布私有包，但需要注意的是，发布私有包是需要付费的。其次，执行我们已经多次操作过的步骤，将 React 主应用部署到服务器上。

实际上，将主应用部署到服务器的过程与之前的过程并无差别，只是部署一个标准的单页面应用而已。相较之下，发布 NPM 包可能略显麻烦。

1. 发布微应用包

要把 NPM 包发布到公共仓库，首先需要在 NPM 官网注册一个账号。注册并登录账号后，可以在 packages 选项中查看账号下已上传的包，如图 6-9 所示。

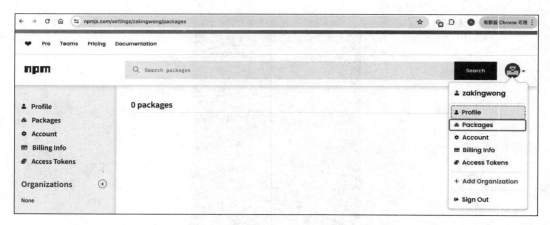

图 6-9 NPM 登录后的 packages 界面

返回本地项目时，注意仓库源必须是官方的 NPM 源，而不能是淘宝或其他镜像源。可以通过以下命令查看当前是否使用的是 NPM 官方源：

```
npm config get registry
// https://registry.npmjs.org/
```

执行"npm login"命令时，系统会询问是否打开浏览器，选择打开浏览器后，按照提示完成登录的流程即可。再执行"npm publish"命令，即可将包发布到远程 NPM 公共仓库。

需要注意的是，在把 NPM 包发布到公共仓库之前，必须删除微应用 package.json 文件中的 private 配置项。该配置项表明当前仓库是私有的，无法发布到远程公共仓库。发布成功后，系统会显示如图 6-10 所示的信息。

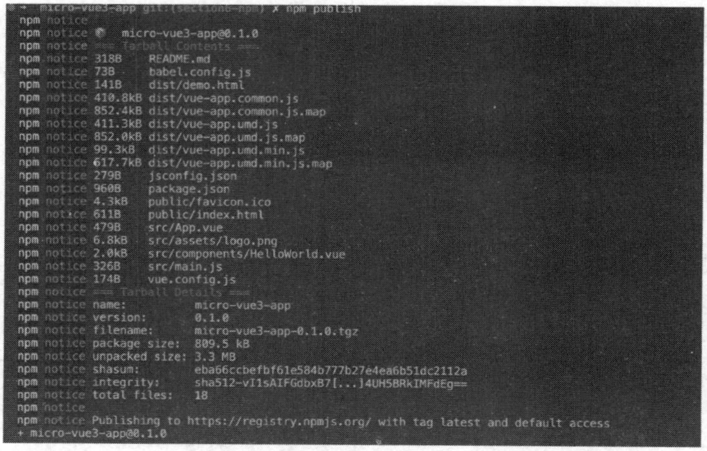

图 6-10 发布 NPM 包的命令行显示信息

我们可以在 NPM 官网中看到上传的包，如图 6-11 所示。

图 6-11　在官网中查看 NMP 包

我们可以通过相同的方法将 React 微应用包上传到远程公共仓库。为了区分本地版本与远程仓库中发布的版本，可以在当前的两个微应用中添加一些标识性文字：

```
// micro-vue3-app
// HelloWorld.vue
<template>
    <div class="hello">
        本地的
        <h1>{{ msg }}</h1>
        <!-- 其他代码 -->
    </div>
</template>
// micro-react-app
// src/App.js
function App() {
    return (
        <div className="App">
            <header className="App-header">
                本地的
                {/* 其他代码 */}
            </header>
        </div>
    );
}
```

接下来，一个关键步骤是将两个微应用进行打包处理。因为我们要引入的是打包后的包，而不是开发中的项目主体本身。完成打包后，可以查看本地效果，如图 6-12 所示。

图 6-12 本地打包引入后的效果

接着，在主应用中执行"npm install"命令，添加刚刚发布到远程公共仓库的两个微应用包。安装过程的执行结果如图 6-13 所示。

```
→ main-react-app git:(section6-npm) x sudo npm install micro-vue3-app micro-react-app
Password:

up to date, audited 4145 packages in 8s

308 packages are looking for funding
  run `npm fund` for details

10 vulnerabilities (5 moderate, 5 high)

To address all issues (including breaking changes), run:
  npm audit fix --force

Run `npm audit` for details.
```

图 6-13 主应用安装远端 NPM 公共仓库的微应用包

我们可以在主应用的 package.json 中查看到新增的依赖项。之前用 NPM 工作区的方式把 packages 目录下的所有文件链接到了依赖项。现在需要引用远程包，因此应删除根目录中 package.json 内的 workspace 选项，然后重新执行"npm install"命令以清空已链接的引用。

最后，在 main-react-app 中直接执行"npm install"命令，即可安装真实的远程包及其相关依赖。随后，在主应用中执行"npm run start"，页面中将不再显示"本地的"字段。

2. 搭建 NPM 私有服务器

搭建 NPM 私有服务器的方案众多，例如 Verdaccio、Nexus、JFrog Artifactory，或者使用国内的 NPM 镜像站 cnpmjs.org。cnpm 提供国内镜像服务，也可以用于创建私有服务器仓库。JFrog Artifactory 是一款商业产品，支持多种包管理工具，不仅限于 NPM，还支持 Docker、Maven、PyPI 等。Nexus 提供的仓库类型与 JFrog Artifactory 类似，但 Nexus 有开源版本。对于预算有限的团队，可以选择使用 Nexus 的开源版。许多企业使用 Nexus 作为私有仓库来存储 Maven 包等。如果公司已经在使用 Maven，则可以直接将其作为 NPM 的私有服务器。感兴趣的读者可以自行探索学习相关内容。

接下来我们将采用 Verdaccio 来部署 NPM 私有服务器。Verdaccio 是一个基于 Node.js 构建的轻量级 NPM 代理注册中心，它通过代理 NPM 注册表来工作，提供本地包存储、安全性、访问控制以及高度定制化的功能。使用 Verdaccio，开发团队可以搭建自己的 NPM 包仓库，这不仅能更有效地控制和管理依赖项，还能提供更快的包下载速度，从而减轻 NPM 官方服务器的负载。

Verdaccio 的主要特点和优势如下。

- 零配置：无须复杂设置即可快速启动私有 NPM 注册表。
- 本地化管理：通过内置小型数据库进行简单而高效的包管理。
- 代理功能：支持将其他注册表（如 npmjs.org）作为上游源，并缓存已下载的模块。
- 插件系统：提供多样化且丰富实用的插件生态系统，便于用户根据需求拓展额外功能。

Verdaccio 在以下场景中非常有用。

- 本地开发：在开发过程中，为了更快地安装和访问依赖项，开发人员可以在本地搭建 Verdaccio 服务器。
- 管理内部项目：Verdaccio 为内部项目提供了一个安全的环境，用于存储和分发 NPM 包。
- 离线工作环境：Verdaccio 允许用户在没有网络连接的情况下，从本地缓存中安装 NPM 包。
- 提高包的安全性：通过访问控制和权限管理，Verdaccio 可以帮助保护用户的包和代码免受未经授权的访问和修改。

读者可以访问 Verdaccio 官网，了解更多细节和使用方法。

之前，我们已经通过 Docker 发布和部署了多个项目，接下来将使用 Docker 来运行 Verdaccio 服务。

首先，通过“docker pull”命令从服务器上拉取 Verdaccio 镜像，如图 6-14 所示。

```
[root@iZ2zeepp8cky2iuem39i7rZ docker]# docker pull verdaccio/verdaccio
Using default tag: latest
latest: Pulling from verdaccio/verdaccio
97518928ae5f: Pull complete
c7746cfd346e: Pull complete
d06092bf767c: Pull complete
dc1629f1d922: Pull complete
859b1df530b9: Pull complete
320827fd455f: Pull complete
b822302f7fe9: Pull complete
675ed1f49fb5: Pull complete
0b87d85a2c04: Pull complete
bfe4cb33e8df: Pull complete
Digest: sha256:c3dbc13f31fe14da7ade2595cf283fe5af674056a89d9bf419faf0058b859da9
Status: Downloaded newer image for verdaccio/verdaccio:latest
docker.io/verdaccio/verdaccio:latest
```

图 6-14　Docker 拉取 Verdaccio 镜像成功时的显示信息

接下来，到 home 目录下创建一个 verdaccio 目录，该目录稍后将作为 Docker 挂载卷的目录，如图 6-15 所示。Docker 挂载卷可以理解为把 Docker 容器中的部分文件存储在宿主机的目录中，Docker 在使用这些文件时，会直接访问和修改宿主机对应的文件。这样做的目的是实现数据持久化，当 Docker 容器出现问题或被删除后，可以确保我们上传的 NPM 包或其他重要数据不会丢失。

```
[root@iZ2zeepp8cky2iuem39i7rZ docker]# cd /home
[root@iZ2zeepp8cky2iuem39i7rZ home]# mkdir verdaccio
[root@iZ2zeepp8cky2iuem39i7rZ home]# ls
verdaccio
```

图 6-15　创建/home/verdaccio 目录

然后，通过以下命令启动 Verdaccio 镜像的容器（见图 6-16）：

```
docker run -it -d --name verdaccio -p 4873:4873 verdaccio/verdaccio
```

```
[root@iZ2zeepp8cky2iuem39i7rZ home]# docker run -it -d --name verdaccio -p 4873:4873 verdaccio/verdaccio
7fb4fc57d2b88b8d6fc897d6d71639585d8972fe868f6044566db932d9471d574
[root@iZ2zeepp8cky2iuem39i7rZ home]# docker ps -a
CONTAINER ID   IMAGE                    COMMAND                CREATED        STATUS              PORTS                     NAMES
7fb4fc57d2b8   verdaccio/verdaccio      "uid_entrypoint /bin…" 7 seconds ago  Up 6 seconds        0.0.0.0:4873->4873/tcp    verdaccio
2dd15a3d0943   treasure-exhibit-image   "nginx -g 'daemon of…" 6 days ago     Exited (0) 5 days ago                         treasure-exhibit-container
8e48d99379cf   treasure-image           "nginx -g 'daemon of…" 6 days ago     Exited (0) 5 days ago                         treasure-container
0e7efa94e85c   treasure-design-image    "nginx -g 'daemon of…" 6 days ago     Exited (0) 5 days ago                         treasure-design-container
eecc3fd63fa9   moonlight-ad-image       "docker-entrypoint.s…" 3 weeks ago    Exited (1) 3 weeks ago                        moonlight-ad-container
```

图 6-16　启动 Verdaccio 镜像的容器

最后，通过浏览器访问 http://www.zaking.cn:4873/ 来查看 Verdaccio 服务是否成功启动，如图 6-17 所示。

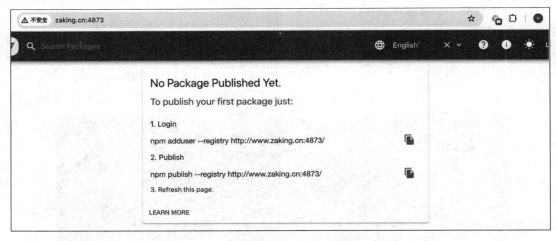

图 6-17　浏览器成功访问 Verdaccio 服务

接下来，把 Verdaccio 容器中的部分配置复制到之前创建的 home/verdaccio 目录下：

```
docker cp 7fb:/verdaccio /home/
```

注意，7fb 是 containerId 的前几位（至少是前 3 位）。执行成功后，可以看到如图 6-18 所示的内容。

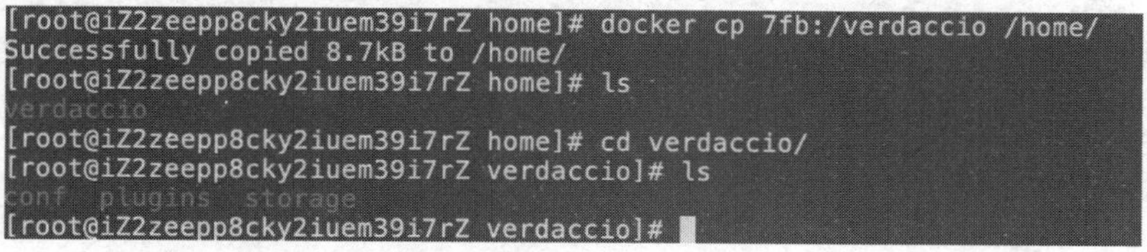

图 6-18　把 Verdaccio 容器的配置内容复制到宿主机对应目录后的输出信息

停止并删除刚刚创建的容器，随后通过以下命令重新创建一个容器：

```
docker run -it -d --name verdaccio -p 4873:4873 -v
/home/verdaccio/conf/:/verdaccio/conf -v
/home/verdaccio/plugins/:/verdaccio/plugins -v
/home/verdaccio/storage/:/verdaccio verdaccio/verdaccio
```

创建成功后，可以通过图 6-19 所示的步骤查看 Verdaccio 的启动情况。

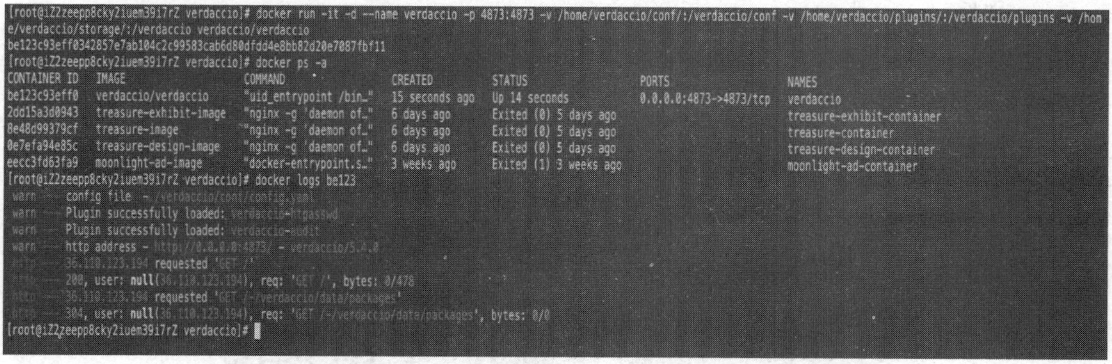

图 6-19　挂载卷成功并启动 Verdaccio 容器的命令步骤

接下来，我们可以按照图 6-17 所示的步骤在本地注册一个用户。注册完成后，就可以在 Verdaccio 的网页中登录。回到本地的两个微应用中，根据提示通过以下命令把微应用发布到私有服务器上：

```
npm publish --registry http://www.zaking.cn:4873/
```

此外，我们还可以通过在对应项目的根目录下配置 .npmrc 文件来指定要发布到的远程服务器地址。在发布之前，可以修改两个微应用的内容，将之前标记为"本地的"字段更改为 Verdaccio，以便区分包的来源。

当然，打包时需要注意工作区（workspace）的引用（可能需要删除项目根目录下的 workspace 配置）以及需要修改发布包的版本号。

成功打包并发布后，可以在私有服务器的网站上看到如图 6-20 所示的效果。

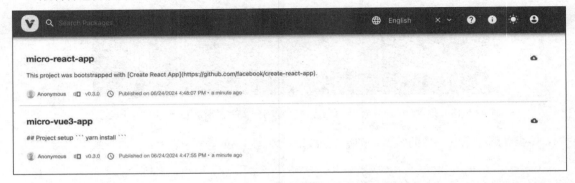

图 6-20　Verdaccio 私有服务器成功上传 NPM 包

接下来，我们在本地使用私有服务器上的包。首先，需要配置之前提到的.npmrc 文件，配置内容很简单。由于在主应用中使用两个私有服务器上的包，因此需要在主应用根目录下创建一个.npmrc 文件：

```
registry=http://www.zaking.cn:4873/
```

然后，重新执行"npm install"命令。在此之前，别忘记修改主应用中两个微应用包的版本号。因为之前已经将版本为 0.1.0 的包上传到 NPM 公共仓库，而图 6-20 中显示，上传到私有服务器的版本是 0.3.0，所以需要在主应用的 package.json 文件中，修改两个微应用包的版本号。

安装完成后，直接运行"npm start"命令，成功的效果如图 6-21 所示。

图 6-21　本地使用私服包

3. 小结

至此，关于 NPM 方案的讲解已基本完成。这里不再展示如何将主应用包上传到服务器，因为相信读者已经对这一过程非常熟悉。现在，可以通过 Jenkins 和 Docker 自行发布主应用，这个过程与之前的过程并无差异。

实际上，整个 NPM 方案并不复杂，主要是将项目打包成一个可引用的包。这与打包工具库（utils）、用户界面库（UI）或其他单页面应用并无本质区别，唯一可能的不同是输出的入口点。

通过这个示例的实践过程，我们可以发现，虽然将 NPM 包作为微应用方案有不少优势，但也存在一些明显的缺点。例如，每当微应用更新时，主应用也必须进行更新，这就意味着主应用和微应用在构建和发布上存在耦合，它们并非完全独立。

因此，虽然使用 NPM 包作为微应用的解决方案是一种可行的选择，但我们必须清楚地认识到其潜在的缺点。

6.2 动态 Script 方案

在 6.1 节中，我们完整实现了 NPM 方案的示例，包括 NPM 远程包的发布、私有 NPM 仓库的部署与发布，以及如何在本地使用私有 NPM 仓库的包等。学习这些内容后，我们发现了一些 NPM 方案的弊端和不足。本节将尝试使用动态 Script 方案来实现微前端的开发，以探讨是否能弥补 NPM 方案的不足之处。

在开始之前，让我们先探讨一下动态 Script 方案预期实现的效果。首先，当单页面应用打包时，它会生成多个 JS 和 CSS 文件，同时可能还会生成如 img、font 等静态资源。这就要求我们在打包过程中创建一个清单，详细记录每个微应用打包完成后主应用需要加载的资源。

生成清单后，理论上服务器端应该读取各个微应用的清单，从而生成一个接口，该接口会返回所有微应用的名称及其所包含的资源等信息。主应用在启动后，请求该接口以获取这些资源的清单。

接下来的实现内容就需要前端来完成。前端通过路由匹配到对应的微应用资源清单，然后通过某种方法加载该微应用所需的资源。

在加载微应用所需资源方面，存在一些差异。无论是实现路由式微前端还是 iframe 微前端方案，整个项目本身无须进行任何改动。这些方案仅利用浏览器的功能来实现隔离和资源加载，实际上，这与加载一个独立项目没有太大差别。

对于 NPM 方案，在"加载"应用上存在一些差异。整个微应用导出了 mount 和 unmount 两个方法，这两个方法内部实现了对应项目所用框架的"挂载"和"卸载"逻辑。因为采用了模块化的形式，所以在引入包之后，可以通过模块化的引入方式来使用这两个方法，将微应用挂载到某个 div 上。

当我们采用 Script 方案时，理论上是通过引入一个 script 标签来实现的，使用 Script 和 link 标签来加载 JS 和 CSS 文件，这与模块化的概念并无直接联系。这种方法有点类似于早期的开发模式，即在 index.html 文件中直接引入大量的 JS 和 CSS 文件。然而，这种方式带来了两个问题：首先是如何确定 JS 和 CSS 文件的加载顺序；其次，应该将 mount 和 unmount 方法放置在何处，以便主应用能够调用它们？

前者可以通过打包时生成的资源清单中的顺序来确定，通常情况下，资源列表数组会按照既定的顺序进行加载。至于后者，唯一的选择是将方法挂载到 window 对象上，以便主应用能够调用这些方法。

6.2.1　生成打包资源表

我们先创建 3 个项目，与之前的 NPM 方案类似，Script 目录结构如图 6-22 所示。

图 6-22　Script 方案目录结构

其中包含主应用 React 和两个微应用（React 和 Vue）。我们直接在两个微应用中运行 "npm run build" 命令进行打包，看看打包结果是什么样的。打包之后，我们发现 React 应用自身集成了生成资源列表的 Webpack 插件，在输出的 build 目录中可以找到一个 asset-manifest.json 文件，如图 6-23 所示。

图 6-23　React 微应用打包后输出的资源列表

接下来，我们再查看一下 asset-manifest.json 和 index.html 的内容：

```
// micro-react-app/build/index.html
<!DOCTYPE html>
<html lang="en">
```

```html
    <head>
            <meta charset="utf-8" />
            <link rel="icon" href="/favicon.ico" />
            <meta name="viewport"
content="width=device-width,initial-scale=1" />
            <meta name="theme-color" content="#000000" />
            <meta name="description" content="Web site created using
create-react-app" />
            <link rel="apple-touch-icon" href="/logo192.png" />
            <link rel="manifest" href="/manifest.json" />
            <title>React App</title>
            <script defer="defer"
src="/static/js/main.66259bec.js"></script>
            <link href="/static/css/main.f855e6bc.css" rel="stylesheet" />
    </head>
    <body>
            <noscript>You need to enable JavaScript to run this app.</noscript>
            <div id="root"></div>
    </body>
</html>
```

asset-manifest.json 的内容如下：

```json
{
    "files": {
            "main.css": "/static/css/main.f855e6bc.css",
            "main.js": "/static/js/main.66259bec.js",
            "static/js/453.5308fa4d.chunk.js":
"/static/js/453.5308fa4d.chunk.js",
            "static/media/logo.svg":
"/static/media/logo.6ce24c58023cc2f8fd88fe9d219db6c6.svg",
            "index.html": "/index.html",
            "main.f855e6bc.css.map": "/static/css/main.f855e6bc.css.map",
            "main.66259bec.js.map": "/static/js/main.66259bec.js.map",
            "453.5308fa4d.chunk.js.map":
"/static/js/453.5308fa4d.chunk.js.map"
    },
    "entrypoints": [
            "static/css/main.f855e6bc.css",
            "static/js/main.66259bec.js"
    ]
}
```

我们发现，在 React 微应用中打包生成的 asset-manifest.json 文件包含两部分内容：一部分是 build 文件夹下所有文件的列表，另一部分是 index.html 要引入的资源列表。

　　不过，打包 Vue 项目后，发现并没有集成输出类似的打包文件资源列表 JSON 文件，因此需要在 Vue 微应用中自行集成插件。

　　首先，我们在 Vue 微应用中通过"npm install"命令安装 webpack-manifest-plugin 插件，安装过程如图 6-24 所示。

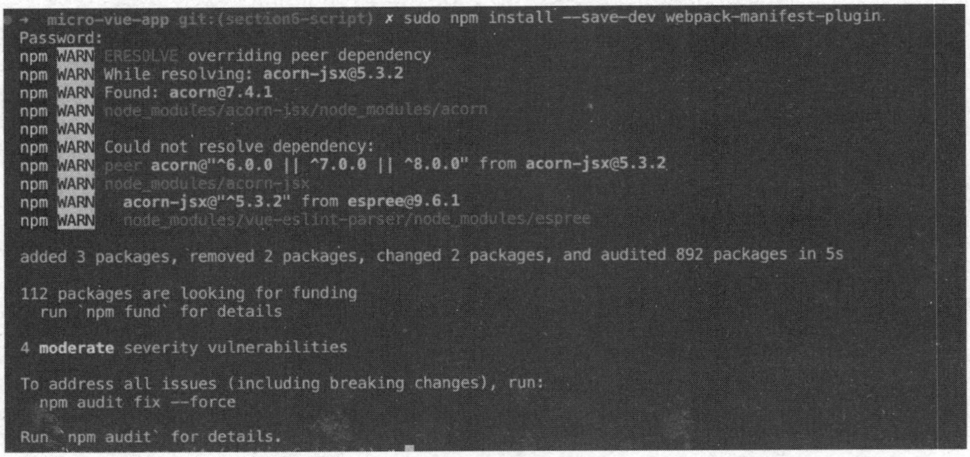

图 6-24　Vue 微应用安装 manifest 插件的过程

然后，修改 vue.config.js 的代码：

```
const { defineConfig } = require("@vue/cli-service");
const { WebpackManifestPlugin } = require("webpack-manifest-plugin");
module.exports = defineConfig({
    transpileDependencies: true,
    configureWebpack: {
        plugins: [
            new WebpackManifestPlugin({
                fileName: "asset-manifest.json", // 输出的 JSON 文件名
                publicPath: "/", // 输出的公共路径，根据实际部署路径进行调整
                    generate: (seed, files, entrypoints) => {
                        const manifestFiles = files.reduce((manifest,
file) => {
                            manifest[file.name] = file.path;
                            return manifest;
                        }, seed);
                        const entrypointFiles =
entrypoints.app.filter(
                            (fileName)
=> !fileName.endsWith(".map")
                        );
```

```
                                return {
                                        files: manifestFiles,
                                        entrypoints: entrypointFiles,
                                };
                        },
                }),
        ],
    },
});
```

通过 manifest-plugin 的配置加上以上代码逻辑，就可以生成一个与 React 项目中默认生成的 JSON 类似的资源表：

```
{
    "files": {
            "app.css": "/css/app.2cf79ad6.css",
            "app.js": "/js/app.72999b43.js",
            "chunk-vendors.js": "/js/chunk-vendors.4c1ee319.js",
            "favicon.ico": "/favicon.ico",
            "index.html": "/index.html",
            "app.72999b43.js.map": "/js/app.72999b43.js.map",
            "chunk-vendors.4c1ee319.js.map":
"/js/chunk-vendors.4c1ee319.js.map"
    },
    "entrypoints": [
            "js/chunk-vendors.4c1ee319.js",
            "css/app.2cf79ad6.css",
            "js/app.72999b43.js"
    ]
}
```

我们是按照 React 的输出逻辑来编写 Vue 微应用资源表的输出逻辑的，这样可以直接读取两个微应用的 entrypoints 的内容。

6.2.2　改造微应用

前面讲到，当我们按照资源表加载了对应应用的资源后，需要在主应用中调用微应用绑定到 window 对象上的加载和卸载方法。因此，我们需要对微应用进行改造，主要改造两个方面：一个是挂载的 DOM 不再是原来微应用中默认的 root 或 app，而是主应用中的某个 div 的 id，这个可以自定义；另一个是直接在 window 对象上绑定两个方法。

1. 改造微应用对外暴露的方法

首先改造两个微应用的绑定点，与之前 NPM 方案中通过 ESM 导出的代码相同，只是之前是通过 ESM 导出的，现在直接绑定到 window 对象上。React 微应用的示例代码如下：

```javascript
// micro-react-app/src/index.js
import React from 'react';
import ReactDOM from 'react-dom/client';
import './index.css';
import App from './App';
import reportWebVitals from './reportWebVitals';
let reactMicroRoot;
window.mountMicroReactApp=function(containerId) {
    console.log("react app mount");
    reactMicroRoot =
ReactDOM.createRoot(document.getElementById(containerId));
    reactMicroRoot.render(
        <React.StrictMode>
            <App />
        </React.StrictMode>
    );
}
window.unmountMicroReactApp = function() {
    console.log("react app unmount: ", reactMicroRoot);
    reactMicroRoot && reactMicroRoot.unmount();
}
// If you want to start measuring performance in your app, pass a function
// to log results (for example: reportWebVitals(console.log))
// or send to an analytics endpoint. Learn more: https://bit.ly/CRA-vitals
reportWebVitals();
```

Vue 微应用的示例代码如下：

```javascript
// micro-vue-app/src/main.js
import { createApp } from "vue";
import App from "./App.vue";

// createApp(App).mount('#app')

let vueMicroApp;
window.mountMicroVueApp = function (containerId) {
    console.log("vue app mount");
    vueMicroApp = createApp(App);
    vueMicroApp.mount(`#${containerId}`);
};

window.unmountMicroVueApp = function () {
    console.log("vue app unmount: ", vueMicroApp);
```

```
      vueMicroApp && vueMicroApp.unmount();
};
```

目前，我们面临一个新问题：两个微应用绑定到 window 对象上的挂载和卸载方法不能使用相同的名称，这会导致 window 对象上的命名冲突。因此，我们需要一个配置方案，能够清晰地读取每个微应用绑定到 window 对象上的方法列表。

2. 配置导出方法列表

在此，笔者仅提供一个简单的示例方法。我们可以将这两个方法放入 asset-manifest.json 文件中，或者创建一个额外的配置表来存放它们。

在 Vue 微应用的配置中，我们还需要在 vue.config.js 文件配置的 ManifestPlugin 中添加一些代码：

```
generate: (seed, files, entrypoints) => {
    // 其他代码
    const funs = {
            mount: "mountMicroVueApp",
            unmount: "unmountMicroVueApp",
    };
    return {
            files: manifestFiles,
            entrypoints: entrypointFiles,
            funs,
    };
},
```

与之前相同，由于 React 项目的配置并未向开发者开放，因此我们需要通过 eject 命令来暴露 React 项目的 Webpack 配置。接着，在 webpack.config.js 文件中找到 WebpackManifestPlugin，并对其进行如下修改：

```
new WebpackManifestPlugin({
    fileName: 'asset-manifest.json',
    publicPath: paths.publicUrlOrPath,
    generate: (seed, files, entrypoints) => {
            const manifestFiles = files.reduce((manifest, file) => {
                    manifest[file.name] = file.path;
                    return manifest;
            }, seed);
            const entrypointFiles = entrypoints.main.filter(
                    fileName => !fileName.endsWith('.map')
            );
            const funs = {
                    mount: "mountMicroReactApp",
```

```
                    unmount: "unmountMicroReactApp",
            };
            return {
                    files: manifestFiles,
                    entrypoints: entrypointFiles,
                    funs
            };
    },
}),
```

注意，为了便于理解，我们直接将微应用需要挂载到 window 对象上的方法硬编码到配置中。从理论上讲，一个成熟的微前端应用可能会有更多的方法。由于每个项目都有其独特性，因此可以根据需要手动添加这些方法。此外，这部分内容的改动通常不大，也不会频繁变更，因此硬编码的方式在大多数情况下是可以接受的。如果确实无法接受这种硬编码方案，可以考虑使用某些 Webpack 插件或 Node.js 的方式来动态读取这些方法。

我们可以在打包后的 asset-manifest.json 中看到配置的方法已经在 JSON 中：

```
{
    "files": {
            "main.css": "/static/css/main.f855e6bc.css",
            "main.js": "/static/js/main.98a9e5a5.js",
            "static/js/453.5308fa4d.chunk.js":
"/static/js/453.5308fa4d.chunk.js",
            "static/media/logo.svg":
"/static/media/logo.6ce24c58023cc2f8fd88fe9d219db6c6.svg",
            "index.html": "/index.html",
            "main.f855e6bc.css.map": "/static/css/main.f855e6bc.css.map",
            "main.98a9e5a5.js.map": "/static/js/main.98a9e5a5.js.map",
            "453.5308fa4d.chunk.js.map":
"/static/js/453.5308fa4d.chunk.js.map"
    },
    "entrypoints": [
            "static/css/main.f855e6bc.css",
            "static/js/main.98a9e5a5.js"
    ],
    "funs": {
            "mount": "mountMicroReactApp",
            "unmount": "unmountMicroReactApp"
    }
}
```

3. 提供 server 服务以便在前端访问资源表

我们现在可以通过配置表输出所有必需的资源，但接下来需要建立一个服务，以便为前端主应用提供这些配置表的内容。因此，我们需要创建一个 Node.js 服务来实现这一功能。

先在项目根目录下创建一个 server 文件夹，文件夹中有 microVueServer.js 和 microReactServer.js 两个文件，如图 6-25 所示。

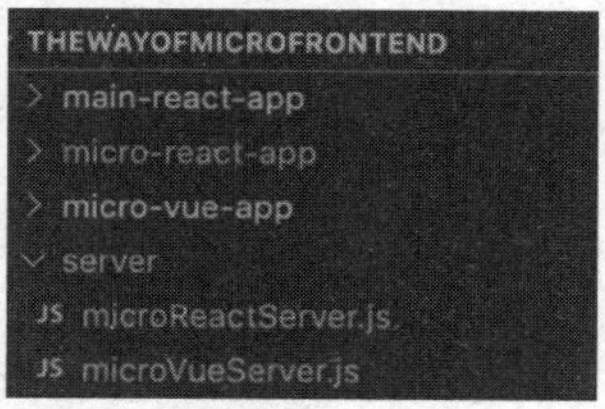

图 6-25　server 服务目录结构

在 server 目录中，通过"npm init"命令初始化 NPM 仓库，然后使用"npm install"命令安装 express。package.json 的代码如下：

```
// server/package.json
{
    "name": "server",
    "version": "1.0.0",
    "description": "",
    "scripts": {
        "microVue": "node microVueServer.js",
        "microReact": "node microReactServer.js",
        "test": "echo \"Error: no test specified\" && exit 1"
    },
    "author": "",
    "license": "ISC",
    "dependencies": {
        "express": "^4.19.2",
        "ip": "^2.0.1"
    }
}
```

其中增加了两个 script 脚本，用于启动两个微应用的服务，ip 包用来获取本机的 IP 地址。microReactServer.js 的代码如下：

```
const express = require("express");
const path = require("path");
const ip = require("ip");

const host = ip.address();
const port = 3001;
const app = express();
```

```
const staticPath = path.join(__dirname, "../micro-react-app/build");
console.log(staticPath, "staticPath");
app.use(express.static(staticPath));

// 启动 Node 服务
app.listen(port, host);
console.log(`server start at http://${host}:${port}/`);
```

microVueServer.js 的代码如下：

```
const express = require("express");
const path = require("path");
const ip = require("ip");

const host = ip.address();
const port = 3002;
const app = express();

const staticPath = path.join(__dirname, "../micro-vue-app/dist");
console.log(staticPath, "staticPath");
app.use(express.static(staticPath));

// 启动 Node 服务
app.listen(port, host);
console.log(`server start at http://${host}:${port}/`);
```

我们可以通过运行两个脚本来启动 Node 服务，从而获取相应的静态资源。React 微应用的静态资源如图 6-26 所示。

图 6-26　React 微应用静态资源 asset-manifest.json

到目前为止，准备工作基本上已经完成。接下来，我们将改造主应用。

6.2.3　主应用改造

在初期对主应用的改造过程中，我们需要安装 react-router-dom，这与之前的 NPM 方案相似。我们将利用 react-router-dom 来实现路由跳转。以下是 App.js 的示例代码：

```
import "./App.css";
import { Outlet, Link } from "react-router-dom";

function App() {
    return (
            <div className="App">
                    <div className="header-nav">
                            <span>
                                    <Link to={"react"}>React 微应用</Link>
                            </span>
                            <span>
                                    <Link to={"vue"}>Vue 微应用</Link>
                            </span>
                    </div>
                    <div className="micro-content">
                            <Outlet></Outlet>
                    </div>
            </div>
    );
}

export default App;
```

注意，这里的代码与 NPM 方案的代码相同。而 index.js 的代码有一些变化：

```
import React from 'react';
import ReactDOM from 'react-dom/client';
import './index.css';
import App from './App';
import reportWebVitals from './reportWebVitals';
import { createBrowserRouter, RouterProvider } from "react-router-dom";
import MainApp from "./main";
const router = createBrowserRouter([
    {
            path: "/",
            element: <App />,
            children: [
                    {
                            path: "react",
                            element: <MainApp />,
```

```
                },
                {
                        path: "vue",
                        element: <MainApp />,
                },
        ],
    },
]);

const root = ReactDOM.createRoot(document.getElementById("root"));
root.render(<RouterProvider router={router} />);

// If you want to start measuring performance in your app, pass a function
// to log results (for example: reportWebVitals(console.log))
// or send to an analytics endpoint. Learn more: https://bit.ly/CRA-vitals
reportWebVitals();
```

注意，无论是使用 React 还是 Vue，这里都采用 MainApp 作为组件，只是通过 react-router-dom 实现了路由变化。

接下来创建一个 main.js 文件：

```
function MainApp() {
    return <div id="micro-slot">zaking</div>;
}

export default MainApp;
```

启动主应用后，可以看到路由发生变化，但加载的微应用窗口没有变化，如图 6-27 所示。

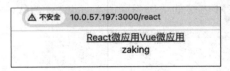

图 6-27　主应用基本页面改造的效果

1. 监听 React 主应用路由变化

在 main.js 中通过 react-router-dom 的 useLocation 和 React 的 useEffect 可以实现监听 React 项目的路由变化：

```
import React, { useEffect, useState } from "react";
import { useLocation } from "react-router-dom";

function MainApp() {
    let location = useLocation();
```

```
    useEffect(() => {
            console.log(location, "location");
            const pathname = location.pathname;
            if (pathname === "/vue") {
                    console.log("vue");
            }
            if (pathname === "/react") {
                    console.log("react");
            }
    }, [location]);
    return <div id="micro-slot">zaking</div>;
}

export default MainApp;
```

2. 提供 JSON 配置的接口服务

前面编写完成了 main.js 的页面，通过监听路由变化，可以知道当前使用的是 Vue 还是 React。现在还有一个问题：虽然通过两个微应用的 Node 静态资源服务提供了访问这两个微应用静态资源的方式，但无法获取 JSON 的配置文件。因此，我们还需要编写一个 Node 接口，用于返回读取的 JSON 配置。

我们直接在 server 文件夹下创建一个 jsonServer.js，它的完整代码如下：

```
const express = require("express");
const fs = require("fs");
const path = require("path");
const cors = require('cors');

const app = express();
const port = 3000;
app.use(cors());

app.get("/micro-config", (req, res) => {
    const dirVue = "../micro-vue-app/dist";
    const dirReact = "../micro-react-app/build";
    const readData = (dir) => {
            try {
                    const files = fs.readdirSync(dir);
                    const data = {};
                    files.forEach((file) => {
                            if (file.endsWith("asset-manifest.json")) {
                                    const filePath = path.join(dir, file);
                                    const content = fs.readFileSync(filePath,
"utf-8");
```

```
                                  const json = JSON.parse(content);
                                  data[file] = json;
                           }
                    });
                    return data;
             } catch (error) {
                    console.error("Error reading directory:", error);
                    return {};
             }
      };
      const dataVue = readData(dirVue);
      const dataReact = readData(dirReact);
      const combinedData = {
             vue: {
                    ...dataVue,
             },
             react: {
                    ...dataReact,
             },
      };
      console.log(combinedData)
      res.json(combinedData);
});

app.listen(port, () => {
      console.log(`Server is running at http://localhost:${port}`);
});
```

我们来简单分析一下这段代码。最开始使用 express 框架创建了一个名为 micro-config 的接口。在该接口内部，我们读取两个微应用打包目录下的 asset-manifest.json 文件，并以 JSON 格式输出。随后，我们手动将这两个文件进行整合。需要注意的是，这段代码虽然编写得略显固定，但用户可以根据实际情况进行调整。此外，我们通过 cors 包对 express 服务进行了处理，从而允许跨域访问该接口。

在主应用的 src 文件夹下创建一个 getConfig.js 文件，其中的代码如下：

```
function getConfig() {
    fetch("http://10.0.57.197:3000/micro-config")
          .then((response) => response.json())
          .then((data) => {
                 console.log(data);
          })
          .catch((error) => console.error("Error fetching data:", error));
}
```

```
export default getConfig;
```

这是一个简单的示例，展示了如何使用 Fetch API 来请求我们刚刚创建的接口。只需在 main.js 中引入并调用这个方法，然后刷新页面，就可以在控制台中看到输出结果，具体如图 6-28 所示。

```
                                                                getConfig.js:5
▼ {vue: {…}, react: {…}} i
  ▼ react:
    ▼ asset-manifest.json:
      ▶ entrypoints: (2) ['static/css/main.f855e6bc.css', 'static/js/main.98a9e5a5.js']
      ▶ files: {main.css: '/static/css/main.f855e6bc.css', main.js: '/static/js/main.98a9e5a5.js', stati
      ▶ funs: {mount: 'mountMicroReactApp', unmount: 'unmountMicroReactApp'}
      ▶ [[Prototype]]: Object
    ▶ [[Prototype]]: Object
  ▼ vue:
    ▼ asset-manifest.json:
      ▶ entrypoints: (3) ['js/chunk-vendors.4c1ee319.js', 'css/app.2cf79ad6.css', 'js/app.db1d06d4.js']
      ▶ files: {app.css: '/css/app.2cf79ad6.css', app.js: '/js/app.db1d06d4.js', chunk-vendors.js: '/js/
      ▶ funs: {mount: 'mountMicroVueApp', unmount: 'unmountMicroVueApp'}
      ▶ [[Prototype]]: Object
    ▶ [[Prototype]]: Object
  ▶ [[Prototype]]: Object
```

图 6-28　请求配置返回数据

3. 通过 Redux 存储及获取配置数据

先前获取数据的方式是可行的，但从实际项目的角度来看，大多数情况下我们会在用户登录后获取接口数据。登录这类全局配置性的数据或方法通常需要状态管理工具来存储和变更，以形成一个统一的数据流，防止数据不一致。

因此，在本例中，我们也将使用 React 的状态管理工具 Redux 来获取微应用的配置信息并进行交互。

首先，我们需要安装 Redux 相关的依赖包：

```
npm install redux react-redux redux-thunk @reduxjs/toolkit
```

Redux 是一个状态管理库，提供了一个集中式存储来共享状态，使得在多个组件和页面间共享状态变得容易。React-Redux 是 Redux 的官方绑定库，用于将 Redux 的 store 与 React 组件连接起来。Redux-Thunk 是一个 Redux 中间件，允许在 action creators 中返回一个函数（称为 thunk 函数），而不是直接返回一个 action 对象。这让用户能够在 action creators 中执行异步操作，如 API 调用等。

Redux Toolkit（简称 RTK）是官方推荐的编写 Redux 逻辑的方法。@reduxjs/toolkit 包封装了 Redux 的核心包，包含构建 Redux 应用所需的 API 方法和常用依赖。Redux Toolkit 集成了官方推荐的最佳实践，简化了大部分 Redux 任务，防止了常见错误，并使得编写 Redux 应用程序变得更加简单。

接下来，我们将删除之前编写的请求接口的示例文件 getConfig.js，稍后在 store.js 中执行异步操作。同时，记得在 index.js 中删除对 getConfig.js 的引用和方法调用。

接下来，创建一个 store.js 文件：

```javascript
import {
    configureStore,
    createSlice,
    createAsyncThunk,
} from "@reduxjs/toolkit";
const fetchData = createAsyncThunk("configJson/fetch", async () => {
    const response = await fetch("http://10.0.57.197:3000/micro-config");
    const data = await response.json();
    return data;
});

const dataSlice = createSlice({
    name: "configJson",
    initialState: {
        data: null,
        status: "idle",
        error: null,
    },
    reducers: {},
    extraReducers: (builder) => {
        builder
            .addCase(fetchData.pending, (state) => {
                state.status = "loading";
            })
            .addCase(fetchData.fulfilled, (state, action) => {
                state.status = "succeeded";
                state.data = action.payload;
            })
            .addCase(fetchData.rejected, (state, action) => {
                state.status = "failed";
                state.error = action.error.message;
            });
    },
});

const store = configureStore({
    reducer: {
        data: dataSlice.reducer,
    },
```

```
});
export { fetchData };
export default store;
```

整个状态管理的代码就这么多，主要应用了 RTK 封装好的 3 个方法，通过 createAsyncThunk 创建了一个异步的 action，可以在 action creator 中执行异步操作。configureStore 用于生成一个 Redux store；createSlice 用于创建一个 Redux slice，包含一组相关的 action 和 reducer。reducer 是一个函数，用于接收当前的 state 和一个 action 对象，必要时决定如何更新状态，并返回新状态。具体概念和细节，读者可以参考 Redux 官网的内容，这里不再赘述。

我们继续查看代码，其实整个代码可以简单理解为通过一个异步 action 来触发 data 的变化，从而导出这个异步 action 和 store，store 会绑定在 React 组件上，以便其他深层组件使用。fetchData 则会在后续的组件中触发。

接下来，在 index.js 中引入 store.js，并对代码稍作修改：

```
// 其他未变动引入
import store from "./store";
// 其他未变动代码
root.render(
    <React.StrictMode>
        <Provider store={store}>
            <RouterProvider router={router} />
        </Provider>
    </React.StrictMode>
);
```

主要的变动在于 root.render 方法。之前只有一个 RouterProvider，现在为了能够传入 store，在外面包裹了一层。

接下来，继续在 main.js 中对代码进行修改：

```
import React, { useEffect } from "react";
import { useLocation } from "react-router-dom";
import { useSelector, useDispatch } from "react-redux";
import { fetchData } from "./store";
function MainApp() {
    let location = useLocation();
    const data = useSelector((state) => state.data.data);
    const status = useSelector((state) => state.data.status);
    const dispatch = useDispatch();
    useEffect(() => {
        dispatch(fetchData());
        console.log(data, "data");
        console.log(status, "status");
        console.log(location, "location");
```

```
            const responseConfig = data;
            let curConfig = [];
            let host = "";
            const pathname = location.pathname;
            if (pathname === "/vue") {
                    console.log("vue");
                    if (status === "succeeded") {
                            curConfig =
responseConfig["vue"]["asset-manifest.json"];
                            host = "http://10.0.57.197:3002/";
                    }
            }
            if (pathname === "/react") {
                    console.log("react");
                    if (status === "succeeded") {
                            curConfig =
responseConfig["react"]["asset-manifest.json"];
                            host = "http://10.0.57.197:3001/";
                    }
            }
            console.log(curConfig, "curConfig");
    }, [location, dispatch,data,status]);
    return <div id="micro-slot">zaking</div>;
}

export default MainApp;
```

这段是 main.js 的完整代码，主要引入了 store 中的 action，用来触发异步请求以获取配置，并创建了 curConfig 变量来获取当前路由下需要加载的资源。此外，还加入了一个 host 变量，用来拼接资源的前缀，在真实项目环境中，这个前缀可以通过环境变量注入。

这里存在一个问题：每次触发 useEffect 都会执行异步请求。在实际项目开发中，这个获取配置的动作在登录之后触发一次即可。因此，我们稍微修改代码，将触发 dispatch 的动作放在 App.js 中，以模拟登录触发一次的效果：

```
import "./App.css";
import { Outlet, Link } from "react-router-dom";
import { useDispatch } from "react-redux";
import { fetchData } from "./store";
function App() {
    const dispatch = useDispatch();
    dispatch(fetchData());
    return (
            <div className="App">
```

```
                    <div className="header-nav">
                        <span>
                                <Link to={"react"}>React 微应用</Link>
                        </span>
                        <span>
                                <Link to={"vue"}>Vue 微应用</Link>
                        </span>
                    </div>
                    <div className="micro-content">
                        <Outlet></Outlet>
                    </div>
                </div>
        );
}

export default App;
```

完成这些内容之后，单击切换路由，就可以获取准确的需要加载的资源，如图 6-29 所示。

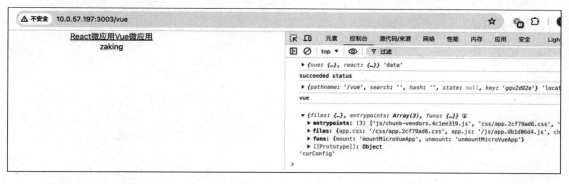

图 6-29　通过 Redux 获取异步数据

4. 加载微应用

现在，我们来到本节最为重要的一个环节：加载微应用。

我们已经收集齐了所有必要的数据。为了加载微应用，还需要调用一个方法来加载资源列表中的所有资源。一旦资源加载完毕，我们将执行配置表（即 funs）中指定的 mount 或 unmount 方法。

新建一个 micro.js 文件，在其中编写加载微应用的一些方法。

```
function loadScript({ script, id }) {
    return new Promise((resolve, reject) => {
            const $script = document.createElement("script");
            $script.src = script;
```

```
        $script.setAttribute("micro-script", id);
        $script.onload = resolve;
        $script.onerror = reject;
        document.body.appendChild($script);
    });
}

function loadStyle({ style, id }) {
    return new Promise((resolve, reject) => {
        const $style = document.createElement("link");
        $style.href = style;
        $style.setAttribute("micro-style", id);
        $style.rel = "stylesheet";
        $style.onload = resolve;
        $style.onerror = reject;
        document.body.appendChild($style);
    });
}

function removeStyle({ id }) {
    const $style = document.querySelector(`[micro-style=${id}]`);
    $style && $style?.parentNode?.removeChild($style);
}

function loadStaticResource(host, config, id) {
    if (!Object.keys(config).length) return;
    const entrypoints = config.entrypoints;
    const funs = config.funs;
    const queue = [];
    entrypoints &&
        entrypoints.forEach((item) => {
            if (item.endsWith(".js")) {
                queue.push(
                    loadScript({
                        script: `${host}${item}`,
                        id,
                    })
                );
            }
            if (item.endsWith(".css")) {
                queue.push(
                    loadStyle({
                        style: `${host}${item}`,
                        id,
```

```
                            })
                        );
                    }
            });
        Promise.all(queue).then(() => {
                window[`${funs["mount"]}`] &&
window[`${funs["mount"]}`]("micro-slot");
        });
    }

    export {
        loadScript,
        loadStyle,
        removeStyle,
        loadStaticResource,
    };
```

micro.js 总共提供了 4 个方法，分别为加载 Script、加载 CSS、移除 CSS 以及加载微应用资源的主方法。前 3 个方法的实现非常直接，它们通过传入的 id（即微应用的标识符）和资源加载地址，创建相应的 script 或 link 标签，从而加载目标资源文件。

最关键的部分是 loadStaticResource 方法。该方法通过接收配置、host 和 id 参数来确定需要加载的资源。它的工作原理是获取资源配置，结合 host 拼接出完整的资源地址，然后根据资源类型（JS 或 CSS）创建相应的标签。最后，使用 Promise.all 来确保所有资源都已成功加载。一旦加载完成，我们就会调用该微应用资源在 window 对象上绑定的加载方法。

然后，我们还需要稍微改动一下 main.js，在判断路由切换到哪个微应用后，调用 loadStaticResource 来加载资源并挂载到 DOM 上：

```
const anotherId = id === "vue" ? "react" : "vue";
const anotherFuns =
  responseConfig[`${anotherId}`]["asset-manifest.json"].funs;
removeStyle({ id: anotherId });
window[`${anotherFuns["unmount"]}`] &&
  window[`${anotherFuns["unmount"]}`]();
loadStaticResource(host, curConfig, id);
```

实际上，核心代码就是这一行的 loadStaticResource 方法，而其他代码的作用是执行之前已加载微应用的卸载逻辑。完成这些工作之后，就可以在本地查看效果，如图 6-30 所示。

图 6-30 微应用加载效果

5. 小结

至此，我们的 Script 方案微应用示例基本完成。当然，这只是作为一种思路或可能性的初步尝试。在实际操作 Script 方案的过程中，我们意识到仍有许多问题有待解决。在深入探讨这些问题之前，不妨先设想一下，一个成熟、完善的动态 Script 方案应该是怎样的。

在一个典型的后端管理类 SaaS 系统中，用户在登录后通常会看到菜单及其对应的内容。在这样的场景下（微前端的应用场景远不止这些，这里仅限定讨论范围），我们期望用户在单击某些菜单项时，能够在内容显示区域展示其他子系统或微应用的内容。

首先，我们需要考虑的是资源加载和权限的问题。权限问题可以通过之前介绍的 Cookie 技术来解决。至于资源加载，包括微应用列表及其相关信息，通常在用户登录时就会获取一个配置列表，正如示例中所展示的那样。

获取配置列表后，在主应用的代码中监听路由变化。一旦路由匹配某个微应用，就会启动微应用的加载流程。

在加载流程开始之前，我们需要判断是否有其他微应用已经存在、是否需要卸载微已有应用 DOM、是否需要清空其他微应用的资源等。只有当这些细节都得到妥善处理后，才能进入正常的加载流程。

除众所周知的 JS 和 CSS 资源外，实际项目开发中还需要考虑图片、字体等资源文件的加载和使用。

只有在上述问题都得到充分解决后，才能称其为一个适用于生产环境的微前端方案。需要明确的是，任何一种微前端方案都不是孤立存在的，它们完全可以与其他微应用方案相结合，构建一个更为具体和适用的微应用生态体系。

最后，让我们回到动态 Script 方案的微应用示例代码。尽管整个方案已基本实现，但仍有一些我们刚刚讨论过但尚未解决的问题，这些问题留给读者去进一步思考、学习并寻求解决方案：

第一，在加载 React 时，为什么 React 微应用的图片丢失，而 Vue 微应用的图片正常？如何解决这一问题？

第二，每次加载微应用时，都会新增对应的微应用资源标签，如何清空这些标签？

第三，CSS 样式冲突，应该使用什么方案才能更好地解决？

6.3　WebComponent 方案

实现 WebComponent 方案的方式和 Script 方案十分类似。我们以 Script 方案的代码为基础，进行一些细微的改动即可实现 WebComponent 方案。接下来，我们先来查看一下微应用的改动：

```
// micro-vue-app/src/main.js
const mountMicroVueApp = function (containerId) {
    console.log("vue app mount");
    vueMicroApp = createApp(App);
    vueMicroApp.mount(`#${containerId}`);
};

const unmountMicroVueApp = function () {
    console.log("vue app unmount: ", vueMicroApp);
    vueMicroApp && vueMicroApp.unmount();
};

class MicroVueAppElement extends HTMLElement {
    constructor() {
        super();
    }
    connectedCallback() {
        console.log(`[MicroVueApp]：执行 connectedCallback 生命周期回调函数
`);
        this.mount();
    }
    disconnectedCallback() {
        console.log(`[MicroVueApp]：执行 disconnectedCallback 生命周期回调函
数`);
        this.unmount();
    }
```

```
    mount() {
        mountMicroVueApp('vue')
    }
    unmount() {
        unmountMicroVueApp()
    }
}
window.customElements.define("micro-vue-app", MicroVueAppElement);
```

整个代码只是在现有基础上新增了一个自定义标签。该标签原生支持 connectedCallback 和 disconnectedCallback 回调函数，当元素引入文档中或从文档中移除时，会分别执行这两个回调函数。因此，可以直接在这两个回调中执行 mount 和 unmount 方法，而无须挂载到 window 对象上。最后，通过 customElementsAPI 声明一个新的自定义标签即可。

React 微应用的处理方式类似，挂载和卸载的处理逻辑不需要绑定到 window 对象，而是直接绑定到自定义元素的回调事件即可。以下是 React 微应用的改造代码：

```
// micro-react-app/src/index.js
import React from 'react';
import ReactDOM from 'react-dom/client';
import './index.css';
import App from './App';
import reportWebVitals from './reportWebVitals';

let reactMicroRoot;
const mountMicroReactApp=function(containerId) {
    console.log("react app mount");
    reactMicroRoot =
ReactDOM.createRoot(document.getElementById(containerId));
    reactMicroRoot.render(
        <React.StrictMode>
            <App />
        </React.StrictMode>
    );
}

const unmountMicroReactApp = function() {
    console.log("react app unmount: ", reactMicroRoot);
    reactMicroRoot && reactMicroRoot.unmount();
}

class MicroReactAppElement extends HTMLElement {
    constructor() {
        super();
```

```
    }
    connectedCallback() {
        console.log(`[MicroReactApp]: 执行 connectedCallback 生命周期回调函
数`);
        this.mount();
    }
    disconnectedCallback() {
        console.log(`[MicroReactApp]: 执行 disconnectedCallback 生命周期回
调函数`);
        // 卸载处理
        this.unmount();
    }
    mount() {
        mountMicroReactApp('react')
    }
    unmount() {
        unmountMicroReactApp()
    }
}

window.customElements.define("micro-react-app", MicroReactAppElement);

// If you want to start measuring performance in your app, pass a function
// to log results (for example: reportWebVitals(console.log))
// or send to an analytics endpoint. Learn more: https://bit.ly/CRA-vitals
reportWebVitals();
```

接下来，我们还需要修改主应用的 micro.js 中的 loadStaticResource 方法，主要的改动点在 Promise.all 中：

```
Promise.all(queue).then(() => {
    const $webcomponent = document.querySelector(`[micro-id=${id}]`);
    const $slot = document.getElementById("micro-slot");
    if (!$webcomponent) {
        const $webcomponent = document.createElement(`micro-${id}-app`);
        $webcomponent.setAttribute("micro-id", id);
        $webcomponent.setAttribute("id", id);
        $slot.appendChild($webcomponent);
    } else {
        $webcomponent.style.display = "block";
    }
});
```

通过判断是否存在 micro-id 对应属性的节点，我们可以确认该自定义组件是否存在。如果不存在，则直接创建该节点并插入到$slot 变量中。此外，给该自定义节点添加 id 属性是为了让微应用知道要挂载在哪个节点上。

最后，稍微改造一下主应用的 main.js，修改 useEffect 的最后几行代码即可：

```
const anotherId = id === "vue" ? "react" : "vue";
const $webcomponent = document.querySelector(`[micro-id=${anotherId}]`);
if($webcomponent){
    $webcomponent.style.display = "none";
}
loadStaticResource(host, curConfig, id);
```

这部分代码很好理解，把之前的自定义标签设为不显示，从而触发自定义标签的 disconnectedCallback，执行其中的卸载回调。

至此，代码改造就完成了。读者可以前往 GitHub 对应的分支查看源码，启动所有 Node 服务和主应用后，即可看到如图 6-31 所示的结果。

图 6-31　WebComponent 微前端方案示例

6.4　本章小结

本章内容到此基本结束。最初的设想是通过不同的实现方案辅助微前端的设计思路，例如微应用化、微服务化、微件化等，并以此完成示例代码的实现。然而，在构思大纲和实现思路的过程中，我们发现这些设计方案更多提供的是方向性的指导，而非具体的实施计划。换言之，无论是 Script、NPM、WebComponent，还是最早使用的 iframe，这些实践方案中任选一种，都能在一定程度上符合某些设计理念。

因此，笔者想表达的是，设计方案在一定程度上仅定义了目标和方向，却缺乏具体的实践方法，使得它们更多只停留在理论层面为实践提供指导，但无法直接用于实施。

接下来，让我们回顾本章内容，巩固所学的实践方案。本章主要实现了三种前端侧组合方案：NPM 方案、Script 方案和 WebComponent 方案。这三种方案各有其特定的应用场景和优缺点。

对于 NPM 方案，其最大的问题在于耦合性。一旦微应用发布新版本，所有嵌入该微应用的主应用都需要更新依赖包，这可能会引发一些潜在问题。然而，如果微应用包一经发布便很少或几乎不需要修改，那么 NPM 方案将显得简单而有效。

动态 Script 方案的特性与微前端的定义高度契合。例如，微应用与主应用完全独立，通过动态注册表加载资源，允许动态发布微应用等。然而，动态 Script 方案涉及许多技术细节需要解决，包括静态资源的加载、非当前显示微应用资源的清除与卸载、CSS 隔离、脚本隔离等。如果这些问题得到妥善解决，动态 Script 方案依然是一个不错的选择。

最后，我们讨论 WebComponent 方案。这是一种浏览器提供的原生组件化能力，通过组件化的方式封装微应用。如果不考虑 WebComponent 的兼容性问题，它无疑是实现微前端的理想方案。

第7章

服务侧组合方案

在前面的章节中，我们实现的微前端方案基本上属于客户端侧组合。也就是说，在前端浏览器中，通过浏览器相关技术将应用代码进行拼凑和组合，最终形成一个庞大的微前端应用体系。

除客户端组合外，实际上还有边缘侧组合（Edge Side Includes， ESI）和服务侧组合（Server Side Includes，SSI）。边缘侧组合通常借助 CDN 等技术在服务器上进行页面拼装，而服务侧组合与 SSR（服务器端渲染）的概念有些相似，它是在服务器端将微应用集成到主应用中，再将拼装好的页面通过网络发送给浏览器，浏览器只需进行渲染操作即可。这样可以显著提升首屏加载速度，为用户提供更流畅的体验。

7.1 动态缓存技术之 CSI、ESI 与 SSI

在开始介绍服务侧组合技术之前，我们需要先了解什么是动态缓存技术。动态缓存技术是一种提高系统性能的技术，具有以下几个特点。

- 自适应：动态缓存技术能够根据系统的实际运行情况自动调整缓存的大小和内容。这意味着，当某个应用程序需要更多缓存空间时，系统可以自动分配更多资源；而在不需要时，系统可以释放这些资源。
- 实时更新：动态缓存技术会实时监控数据的使用情况，当数据发生变化时，缓存中的内容会自动更新，从而确保缓存中始终存储着最新、最常用的数据。
- 数据预取：动态缓存技术还可以预测用户的操作，提前将可能需要的数据加载到缓存中。这样，在用户实际访问这些数据时，可以直接从缓存中获取，而不需要从慢速的内存或硬盘中读取。

- 内存管理：动态缓存技术能够有效管理系统的内存资源，及时清除不再使用的缓存数据，以腾出空间给新数据。这有助于提高系统的整体性能和稳定性。

动态缓存技术在众多领域都有广泛应用，包括 CPU 缓存、网页缓存、数据库缓存等。通过利用动态缓存技术，我们可以提升系统的响应速度、减少资源消耗，从而为用户提供更优质的体验。

当前普遍使用的单页面应用，从技术角度来看，属于客户端包含（Client-Side Include，CSI）的动态缓存技术范畴。从这个角度理解，早期的三大基础技术（HTML、JavaScript、CSS）通过获取纯粹的静态 HTML 资源，实际上属于静态缓存。此前实现的各种微前端方案也都属于 CSI，即客户端组合的方案。

相对于客户端包含，我们还需了解边缘侧包含（Edge-Side Include，ESI）和服务端包含（Server-Side Include，SSI）。接下来简单理解一下这三者的含义及其区别。

1. 客户端包含

- 含义：通过 iframe、JavaScript、Ajax 等方式动态加载另一个页面的内容。
- 原理：整个页面可以静态化为 HTML 页面，但需要动态加载的部分通过客户端技术实现。
- 优点：不需要在服务器端进行改变和配置，可以利用浏览器客户端的并行处理及加载机制，从而提高页面加载速度。
- 缺点：不利于搜索引擎优化，存在 JavaScript 兼容性问题，且客户端缓存可能导致服务器端内容更新后不能及时生效。

2. 服务端包含

- 含义：通过注释行的 SSI 命令加载不同模块，构建为 HTML，从而实现整个网站的内容更新。
- 原理：通过 SSI 调用各模块的对应文件，最后组装为 HTML 页面，需要服务器模块的支持。
- 优点：不受具体编程语言限制，比较通用，只需要 Web 服务器或应用服务器的支持。
- 缺点：SSI 只能在当前服务器上包含加载文件，不能跨域包含其他服务器上的文件。

3. 边缘侧包含

- 含义及原理：通过使用简单的标记语言描述网页中的内容片段，区分哪些可以加速，哪些不能。每个网页被划分成多个部分，并为每部分分配不同的缓存控制策略。这样，缓存服务器就能根据这些策略，在将完整的网页发送给用户之前，动态地将这些不同的部分组合起来。

● 优点：可用于缓存整个页面或页面片段，适用于缓存服务器，能有效降低原服务器的负载，同时提高用户访问的响应时间。

● 缺点：目前支持 ESI 的软件还较少，官方更新缓慢，因此使用不是很广。

经过以上概念简单理解，CSI 实际上就是我们之前实践的内容，而 SSI 需要 Web 服务器（如 Nginx）支持。我们稍后会通过 Nginx 实现一个简单的 SSI 示例。ESI 则由缓存服务器（如 CDN 等）提供支持，从而实现边缘侧的缓存包含策略。对这些概念稍作了解即可。

接下来我们重点学习服务侧的组合方式，即 SSI。它允许在 HTML 文件中插入特定的 SSI 指令，这些指令由服务器解析并执行。这些指令通常以"<!--#"开头，以"-->"结尾。例如，"<!--#include virtual="header.html" -->"这条指令会告诉服务器在当前 HTML 文件中插入 header.html 文件的内容。

SSI 技术方案的主要优势在于能够减轻客户端的负担，因为所有文件的合并操作都在服务器端完成。此外，合并后的文件是静态的 HTML，因此可以被浏览器缓存，进一步提高访问速度。

简单来说，如果我们使用 Nginx 作为静态资源服务器，则需要确保 Nginx 支持 SSI，同时在主应用中写入符合 SSI 规则的注释指令，这样 Nginx 就可以识别这些指令，并将标签替换为目标页面的内容。

7.2　SSI 技术简单示例

首先，建立一个 Jenkins 的任务，主要的目的是把代码拉取到服务器。我们直接创建一个名为 section7 的视图，然后随便复制一个之前创建的任务到 section7 的视图下，并将它改名为 ssi-demo，如图 7-1 所示。

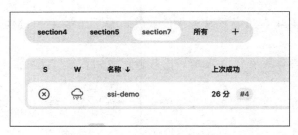

图 7-1　section7 的视图

这个 ssi-demo 任务的内容十分简单，只需把下载的分支改为 section7，再删除最后的脚本内容即可。执行该任务后，section7 的 demo 代码将被拉取到服务器。

然后，稍微修改之前的宿主机 Nginx 服务器的配置：

```
server {
    listen 9000;
    server_name zaking.cn;
    ssi on;
    location / {
            root /var/lib/jenkins/workspace/ssi-demo/;
            index  index.html;
    }
}
```

这与早期直接访问打包后的静态文件类似，不需要做额外的配置工作，只是添加了"ssi on"命令。

最后，我们来看 section7 分支的目录结构，如图 7-2 所示。

图 7-2　section7 分支的目录结构

实际的文件是 index.html 和 list.html，index.html 文件中的代码如下：

```
<!DOCTYPE html>
<html lang="en">
    <head>
            <meta charset="UTF-8" />
            <meta name="viewport" content="width=device-width,
initial-scale=1.0" />
            <title>SSI 简单示例</title>
    </head>
    <body>
            <header>这是一个 SSI 简单示例</header>
            <strong>下面是一个嵌入的列表</strong>
            <!--#include virtual="list.html" -->
    </body>
</html>
```

list.html 文件中的代码如下：

```
<div class="list">
```

```
<header>我是列表</header>
<ul>
        <li>第一</li>
        <li>第二</li>
        <li>第三</li>
        <li>第四</li>
        <li>第五</li>
        <li>第六</li>
        <li>第七</li>
        <li>第八</li>
    </ul>
</div>
```

可以看到，核心是 index.html 中的备注标签，这是 Nginx 读取后嵌入 HTML 代码片段的位置，而 list.html 中只是一个 HTML 片段。更改 Nginx 配置后，通过 FTP 工具上传到服务器后重启 Nginx，就可以通过在浏览器中输入 http://www.zaking.cn:9000/来查看效果，如图 7-3 所示。

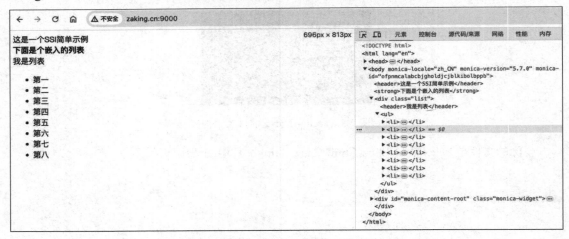

图 7-3　SSI 简要示例效果图

可以看到，返回的页面是一个完整的静态页面，没有任何拼凑的痕迹，Nginx 成功地解决了这一问题。

7.3　SSR 与微前端

在前面的学习中，我们了解了 SSI 技术的实现方式，并通过一个简单示例体验了其展示效果。实际上，SSI 技术是利用静态服务器的能力实现的。在本书中，我们使用的是 Nginx 作为示例，但其他服务器如 Apache 也支持 SSI, 尽管它们的语法有所不同, 但核心原理是一致的。

这种技术非常适合多页面应用或传统前端应用中页面片段的复用。然而, 在当前单页面应用(SPA) 盛行的时代, 它似乎显得不太适用。因为 SPA 可以通过 Node.js 在服务器端进行更动态和优雅的内容拼接。

如果要在 SPA 背景下通过服务器端渲染实现微前端设计, 我们应该怎么做? 需要哪些技术?

在现代 SPA 的背景下, 通常是通过 Node.js 打包生成一个结果包, 然后在一个 index.html 文件中引入这个结果包。在客户端, 通过执行 JavaScript 代码来构建对应的页面 DOM。这就是大家熟知的 SPA 的客户端渲染的基本逻辑。对于大多数项目需求来说, 这种 SPA 已经足够, 不需要考虑其他细节, 最终打包的结果对于静态资源而言, 就是一个 index.html 文件引入了多个 JS 或 CSS 依赖。

然而, SPA 不利于 SEO, 并且由于需要加载大量依赖, 导致首屏加载速度较慢。因此, 就产生了服务器端渲染的需求。Vue、React 等前端框架也提供了 SSR 的支持, 并在一定程度上兼容了 CSR。在早期版本中, 可以通过框架生成特定页面的 SSR 字符串并传递给前端, 同时引入相应的 JavaScript 包, 以实现 SEO 和加载速度的优化。

当前流行的 SSR 框架基本上是生成一个 Node 服务包, 需要在服务器上部署 Node 服务并提供端口。当我们访问某个域名时, 实际上是访问这个 Node 服务, 此时的前端是在服务器执行 JavaScript 代码后, 生成 HTML 字符串并返回给客户端。当然, 这还包括 JavaScript 脚本或 CSS 样式等资源的引入。

了解了 SSR 的基本概念后, 我们如何基于 SSR 实现微前端设计呢?

无论是 CSR 还是 SSR, 我们的目标都是在某个位置通过某种方式插入一个完整的项目。无论是通过 iframe, 还是在浏览器中动态插入, 或者在服务器端通过 Node.js 执行代码生成页面, 结果都是相同的, 只是实现过程可能会因使用的技术手段而略有不同。

基于现代流行框架的 SSR 能力, 如果要实现特定场景的设计, 我们可能需要对框架的打包配置和服务器代码进行侵入性修改, 以在服务器端生成所需的内容。

当然, 实现这一目标不仅仅依赖于 SSR, 也可以结合多种技术。前提是需要深入了解技术领域的各种能力, 这些能力不仅仅涉及前端技术。

接下来, 我们将实现一个基于 Node.js 服务的简单微前端项目的示例。我们先创建一个 server 目录, 并包含一个主要的 index.js 文件, 作为启动 Node 服务的入口文件, 整个项目的目录结构和文件如图 7-4 所示。

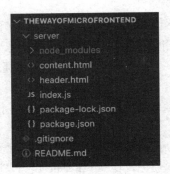

图 7-4　SSR 实现微前端简要项目的目录结构

其中，content.html 和 header.html 作为微应用的页面，会在 index.js 中引入。代码十分简单：

```
// content.html
<div class="content">
    我是 content
</div>
// header.html
<div class="header">
    我是 header
</div>
```

然后，我们查看 package.json：

```
{
    "name": "server",
    "version": "1.0.0",
    "description": "",
    "main": "index.js",
    "scripts": {
        "start": "node index.js"
    },
    "author": "",
    "license": "ISC",
    "dependencies": {
        "express": "^4.19.2",
        "jsdom": "^24.1.0"
    }
}
```

整个示例只需要额外依赖 jsdom 和 express 两个包即可。Express 用于 Node 的静态服务，而 jsdom 用于在服务器端生成和操作 DOM。

接下来，我们继续查看核心的 index.js 的代码：

```javascript
const express = require("express");
const { JSDOM } = require("jsdom");
const fs = require("fs").promises;
const app = express();

app.get("/", async (req, res) => {
    try {
            // 同时读取 header.html 和 content.html 文件
            const [headerData, contentData] = await Promise.all([
                fs.readFile("header.html", "utf8"),
                fs.readFile("content.html", "utf8"),
            ]);
            // 拼接 header.html 和 content.html 的内容
            const combinedHtml = `${headerData}${contentData}`;
            const templateDOM = new JSDOM(`
                <!DOCTYPE html>
                <html lang="en">
                    <head>
                            <meta charset="UTF-8" />
                            <meta http-equiv="X-UA-Compatible"
content="IE=edge" />
                            <meta name="viewport"
content="width=device-width, initial-scale=1.0" />
                            <title>SSR 微前端简要示例</title>
                    </head>
                    <body>
                            ${combinedHtml}
                    </body>
                </html>
                `);
            res.end(templateDOM.serialize());
    } catch (err) {
            console.error(err);
            res.status(500).send("Error reading HTML files");
    }
});

app.listen(8000);
```

整个 index.js 文件将作为 express 的核心入口。当启动服务并在 URL 中访问 8000 端口时，可以查看实际效果，如图 7-5 所示。

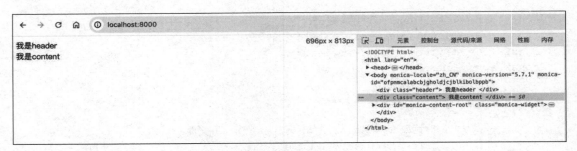

图 7-5　SSR 的最终效果

再回过头来看一下 index.js 的代码，其核心是先读取两个微应用的 DOM，然后通过 jsdom 拼凑并生成要返回给浏览器的字符串。

7.4　本章小结

本章通过两个简明的示例，介绍了服务器端渲染在微前端领域的应用。然而，本章并未深入探讨现代 SSR 前端框架与微前端的集成案例。原因主要有两点：

首先，如果要集成一个完整的现代 SSR 前端框架，如 Nuxt 或 Next，实际上与集成客户端渲染（CSR）的框架没有太大区别。SSR 框架通常是一个独立的项目，我们之前学习的客户端渲染方案在一定程度上已经足够实现集成。

其次，如果你打算采用本章介绍的服务端组合方案，比如使用 SSI 或 Node.js 在服务器端组装页面，那么问题将变得相当复杂。这将涉及对框架构建配置的大幅修改，以生成多页面应用，并以基座项目为核心在服务器上进行界面拼接。不过，这样的需求场景实际上并不常见。

如果读者对此感兴趣，可以在本书后续的示例中寻找灵感。

第8章

微前端框架的简易使用

在前面的章节中，我们实践了多种流行且常用的微前端解决方案。在实际的示例操作中，这些方案难免会遇到一些细微的问题。不过，这些问题都是可以克服的，业界也已经有了相对成熟的解决方案。然而，自研的方法总有可能存在考虑不周或细节处理不够完善的地方。因此，在大多数需要投入实际生产环境的情况下，我们倾向于选择那些大型企业或业界公认的成熟开源微前端框架来实现微前端架构。

本章将介绍几个在国内广受欢迎的微前端框架。通过深入浅出的理论阐述和实例演示，旨在帮助读者理解和学习如何运用这些微前端框架。这样，当面临微前端解决方案的需求时，能够迅速进行设计、选型和实施。

8.1　Single-spa

Single-spa 是一个轻量级的 JavaScript 框架，用于构建微前端应用。它允许将一个大型前端应用拆分成多个独立的、可复用的微应用，这些微应用可以使用不同的框架或库进行开发。Single-spa 通过定义一套简单的生命周期钩子和路由机制，实现了微应用之间的通信和协同工作。

8.1.1　Single-spa 简介

Single-spa 是一个将多个单页面应用聚合为一个整体应用的 JavaScript 微前端框架。使用 Single-spa 进行前端架构设计可以带来很多好处，例如：

- 在同一页面上使用多个前端框架而不用刷新页面（React、AngularJS、Angular、Ember）。
- 独立部署每个单页面应用。
- 新功能使用新框架，旧的单页面应用无须重写即可共存。
- 改善初始加载时间，延迟加载代码。

Single-spa 可以说是一个元框架，提供了微应用必备的子应用注册机制和路由响应机制。Single-spa 主要包括以下两个部分。

（1）Applications：每个应用程序本身就是一个完整的单页面应用（某种程度上）。每个应用程序都可以响应 URL 路由事件，并且必须知道如何从 DOM 中初始化、挂载和卸载自己。传统单页面应用程序和 Single-spa 应用程序的主要区别在于，它们必须能够与其他应用程序共存，而且没有各自的 HTML 页面。例如，React 或 Angular 就是应用程序。当激活时，它们监听 URL 路由事件并将内容放在 DOM 中。当处于非活动状态时，它们不再侦听 URL 路由事件，并且完全从 DOM 中删除。

（2）single-spa-config 配置：用于渲染 HTML 和注册应用。

在 Single-spa 中，微前端的种类有 3 种，即 Single-spa 定义的 3 种微前端类型。

（1）single-spa applications：为一组特定路由渲染组件的微前端。
（2）single-spa parcels：不受路由控制的渲染组件的微前端。
（3）utility modules：非渲染组件，用于暴露共享 JavaScript 逻辑的微前端。

根据 Single-spa 提供的微前端类型，通常可以把微应用理解为项目类的微应用，它包含大部分的业务逻辑和路由功能，是一种常见的微前端应用。另一种是 UI 组件类的微前端，通常可以在不同的应用中引入，与路由无关。最后一种是功能类的纯 JavaScript 逻辑，类似于 NPM 包的微前端形式。

Single-spa 的核心功能和特性主要包括以下几点：

（1）微应用支持：Single-spa 允许开发者将一个大型前端应用拆分成多个独立的、可复用的微应用。这些微应用可以使用不同的框架或库进行开发，如 React、Vue、Angular 等，从而提高了开发灵活性。

（2）生命周期钩子：Single-spa 定义了一套微应用的生命周期钩子，包括初始化、挂载、更新和卸载等。这些钩子函数允许开发者在微应用的不同状态执行自定义逻辑，从而实现对微应用的精细化管理。

（3）路由机制：Single-spa 提供了一套基于 URL 的路由机制，实现了微应用之间的无缝切换和通信。开发者可以根据 URL 的变化动态加载和渲染不同的微应用，从而实现单页面的多个应用共存。

（4）状态管理：Single-spa 内置了一个状态机，用于管理微应用的状态。开发者可以通过监听状态变化来触发相应的操作，如加载、渲染、卸载等。

（5）模块热替换（HMR）：Single-spa 支持模块热替换功能，允许开发者在不刷新页面的情况下更新微应用的代码。这大大提高了开发效率和用户体验。

（6）按需加载：Single-spa 可以根据 URL 的变化按需加载和渲染微应用，减少了不必要的资源加载，提高首屏加载速度和性能。

（7）跨框架集成：Single-spa 可以与其他前端框架和库无缝集成，如 Redux、Vuex 等，方便开发者实现更复杂的功能和交互。

（8）插件系统：Single-spa 提供了丰富的插件系统，允许开发者扩展其功能，如添加全局样式、拦截器、错误处理等。

8.1.2　Single-spa 的使用

Single-spa 是一个支持单页面应用的微前端框架，其核心目的是将多个单页面应用组合成一个更大的单页面应用。它是如何实现这一目标的呢？这涉及注册机制。还记得之前提到的动态 Script 方案的微前端实现吗？我们需要发起接口请求，以获取服务器上存储的各个子应用所依赖的资源配置表。该表详细列出了每个微应用所需的全部资源。

当我们触发切换微应用的事件时，就会调用微应用自身的挂载或卸载函数来加载或卸载相应的微应用。

注　　意
我们提到了 3 个关键点：注册表、事件以及加载对应微应用的函数。在 Single-spa 中，我们仍然需要这三者来实现在主应用中组合各个微应用。

由此可以猜测，我们仍然需要在主应用中通过 Single-spa 的某些方法来注册各个微应用，并且在主应用中通过路由的变化作为触发事件来切换已经注册的应用，而微应用则只需暴露出 Single-spa 所需的配置方法即可。在 NPM 方案中，是通过模块化导出的方法，在动态 Script 方案中，则是绑定在了 window 对象上。在本小节后续的方案中，实现方法与之类似。

1. 通过 registerApplication 注册微应用

registerApplication 是 Single-spa 注册微应用的核心方法，它在官方文档上明确说明有两种调用方式：一种是简单参数，另一种是对象参数。

简单参数的示例如下：

```
registerApplication(
    // 微应用的名称
    'micro-vue3-app',
```

```
    // 微应用加载函数，必须返回一个 promise 对象
    () => import('src/dist/vue-app.common.js'),
    // 触发加载对应微应用的条件，不一定非要是路由条件
    (location) => location.pathname.startsWith('/vue'),
    // 传递给微应用的数据
    { name: 'zaking' }
);
```

简单参数需要按照顺序填写 4 个参数，注意这里的第二个参数。以上面的代码和当前项目的结构为例，导入的并不是一个方法，而是包含几个可能或必需的方法（如 mount、unmount 等）。此处稍作了解，后面会详细讲解。

继续来看对象参数：

```
singleSpa.registerApplication({
    name: 'micro-vue3-app',
    app: () => import('src/dist/vue-app.common.js'),
    activeWhen: '/vue'
    customProps: {name:'zaking'}
})
```

对象参数的好处在于无须硬记参数的顺序，使得过程更加清晰明朗了。

当我们使用 registerApplication 注册微应用后，在加载对应代码的过程中，Single-spa 会根据 activeWhen 参数来确定需要加载哪个微应用。一旦确定，它会根据传入的 app 参数获取微应用的 mount 方法来加载对应的微应用。此时，还可以将 customProps 传递给微应用。

registerApplication 的 app 和 activeWhen 参数相当有趣，值得我们进一步了解。Single-Spa 官方文档中指出 app 必须是一个返回 Promise 的函数，但并没有具体说明要返回什么样的 Promise 函数。文档中提供了一个示例：

```
const application = {
    bootstrap: () => Promise.resolve(), //bootstrap function
    mount: () => Promise.resolve(), //mount function
    unmount: () => Promise.resolve(), //unmount function
}
registerApplication('applicationName', application, activityFunction)
```

这就是 app 参数的核心内容，它需要包含 3 个 promise 方法——bootstrap、mount 以及 unmount。除这 3 个必要的方法外，还有两个可选的方法——load 和 unload 方法。

app 参数除可以以对象形式定义外，还可以使用 async 函数作为参数：

```
const application = async () => {
    return {
        async bootstrap(props) {
            console.log(props.name); // zaking
```

```
                console.log("micro vue bootstraped");
        },
        async mount(props) {
                console.log("micro vue mounted");
        },
        async unmount(props) {
                console.log("micro vue unmounted");
        }
    };
}
registerApplication('applicationName', application, activityFunction)
```

实际上，它返回的是一个生命周期对象，这个对象是由一个 async 函数产生的。可以说，其本质并未改变，只是在形式上有所变动。这种形式上的变化为我们提供了更大空间来进行额外的操作。

接下来分别解释 app 参数的 5 个方法，以进一步加深对 registerApplication 这个 API 的理解。

- load：当 registerApplication 的 activeWhen 第一次为 true 时，将触发 load 方法下载微应用的资源，通常这个方法不需要额外配置。

- bootstrap：初始化方法会在第一次执行 mount 方法之前执行一次。

- mount：每当应用的 activewhen 返回真值，且该应用处于未挂载状态时，挂载的生命周期函数就会被调用。调用时，函数会根据 URL 确定当前被激活的路由，创建 DOM 元素、监听 DOM 事件等，以向用户呈现渲染的内容。任何子路由的改变（如 hashchange 或 popstate 等）不会再次触发 mount，需要各应用自行处理。

- unmount：每当应用的 activewhen 返回假值，且该应用已挂载时，卸载的生命周期函数就会被调用。卸载函数被调用时，会清理在挂载应用时创建的 DOM 元素、事件监听、内存、全局变量和消息订阅等。

- unload：通常我们不需要定义这个生命周期函数。unload 生命周期函数的实现是可选的，它只有在 unloadApplication 被调用时才会触发。如果一个已注册的应用没有实现这个生命周期函数，则假设这个应用无须被移除。移除的目的是让各应用在被移除之前执行部分逻辑，一旦应用被移除，它的状态将会变成 NOT_LOADED，下次激活时会被重新初始化。unload 函数的设计动机是实现对所有注册的应用的"热下载"，不过在其他场景中也非常有用，例如想要重新初始化一个应用，并在重新初始化之前执行一些逻辑操作。unloadApplication 也是 singleSpa 的一个 API，可以手动调用。

在了解以上内容之后，读者应该已经对 registerApplication 这个 API 的使用方法有了较为清晰的认识。我们继续学习接下来的内容。

2. Root Config

Root Config 实际上是 Single-spa 的配置文件，也就是之前介绍过的 registerApplication 方法。官方建议在一个配置文件中执行 registerApplication 注册方法来注册微应用（当然，这并不是唯一的做法）。

3. start 方法

start 方法必须在 Single-spa 配置文件的 JavaScript 中调用，此时应用才会真正挂载。在 start 被调用之前，应用先被下载，但不会初始化、挂载或卸载。start 方法可以帮助提升应用的性能。例如，我们可以立刻注册一个应用（以便迅速下载代码），但不能立即在 DOM 节点上挂载该应用，而是需要等待一个 AJAX 请求（可能用于获取用户的登录信息）完成后，再根据结果进行挂载。在这种情况下，最佳实践是先调用 registerApplication，待 AJAX 请求完成后再调用 start 方法。

在了解了这些 Single-spa 的核心内容后，就可以开始后续项目的改造实践了。

8.1.3　Single-spa 的 NPM 方案实践

我们可以直接从 section6-npm 分支创建新的分支 section8-spa-npm，以之前的 NPM 方案代码作为基础进行改造。在切换到新分支后，在 packages 中的各个项目及根目录中安装依赖包。此时，在主应用中启动项目，可以看到使用的微应用仍然是之前发布到私服上的两个包。

接下来在根目录的 package.json 中增加一点配置，以便在主应用中读取本地的两个微应用：

```
{
    "name": "root",
    "private": true,
    "workspaces": [
        "packages/*"
    ],
    "dependencies": {
    },
    "devDependencies": {
        "lerna": "^8.1.3"
    }
}
```

然后，分别进入各微应用中，通过"npm run build"命令来打包微应用。接着，进入主应用中，通过"npm run start"命令启动主应用，即可在浏览器中查看本地包的效果。

准备工作完成后，继续对项目进行改造。

1. 主应用改造

首先，在主应用中安装 Single-spa：

```
sudo npm install single-spa
```

如果希望从零开始创建 Single-spa 项目，也可以尝试使用 create-single-spa 脚手架。

主应用的主要改造点其实并不复杂，主要涉及我们之前学过的几个关键 API。我们先来看主应用的 index.js 文件，完整的代码如下：

```
import React from "react";
import ReactDOM from "react-dom/client";
import "./index.css";
import App from "./App";
import reportWebVitals from "./reportWebVitals";
import { createBrowserRouter, RouterProvider } from "react-router-dom";
// import ReactApp from "./React";
// import VueApp from "./Vue";

import { start, registerApplication } from "single-spa";

window.__DEV__ = true;

registerApplication({\
    name: "micro-react-app",
    app: () => import("micro-react-app"),
    activeWhen: "/react",
    customProps: {
        containerId: "micro-app-container",
    },
});
registerApplication({
    name: "micro-vue3-app",
    app: () => import("micro-vue3-app"),
    activeWhen: "/vue",
    customProps: {
        containerId: "micro-app-container",
    },
});
start();

const router = createBrowserRouter([
    {
        path: "/",
        element: <App />,
```

```
        children: [
            {
                path: "react",
                element: <div id="micro-app-container"></div>,
            },
            {
                path: "vue",
                element: <div id="micro-app-container"></div>,
            },
        ],
    },
]);

const root = ReactDOM.createRoot(document.getElementById("root"));
root.render(<RouterProvider router={router} />);
// const root = ReactDOM.createRoot(document.getElementById('root'));
// root.render(
//   <React.StrictMode>
//     <App />
//   </React.StrictMode>
// );

// If you want to start measuring performance in your app, pass a function
// to log results (for example: reportWebVitals(console.log))
// or send to an analytics endpoint. Learn more: https://bit.ly/CRA-vitals
reportWebVitals();
```

其中最核心的部分是增加了 registerApplication，通过它注册了两个微应用，然后通过 app 参数来获取导入的微应用包。

稍微修改 React 的路由，把我们之前引入的两个微应用变成一个统一的 DIV 容器，作为 Single-spa 挂载的容器。

2. 微应用改造

微应用的改造其实也很简单。还记得之前讲过的必须导出的 3 个方法吗？我们先来看 React 微应用的改造点：

```
import React from "react";
import ReactDOM from "react-dom/client";
import "./index.css";
import App from "./App";
// import reportWebVitals from './reportWebVitals';

let root;
```

```
if (!window.singleSpaNavigate) {
    root = ReactDOM.createRoot(document.getElementById("root"));
    root.render(
            <React.StrictMode>
                    <App />
            </React.StrictMode>
    );
}

export async function bootstrap() {
    console.log("react app bootstrap executed");
}

export async function mount(props) {
    console.log("react app mount");
    root = ReactDOM.createRoot(document.getElementById(props.containerId));
    root.render(
            <React.StrictMode>
                    <App />
            </React.StrictMode>
    );
}

export async function unmount(props) {
    console.log("react app unmount: ", props);
    root && root.unmount();
}

// If you want to start measuring performance in your app, pass a function
// to log results (for example: reportWebVitals(console.log))
// or send to an analytics endpoint. Learn more: https://bit.ly/CRA-vitals
// reportWebVitals();
```

其中，mount 和 unmount 的核心内容基本没变，只是获取了从主应用传过来的自定义参数，然后添加了 bootstrap 方法。

Vue3 微应用与之类似，在 src 的 main.js 中：

```
import { createApp } from 'vue'
import App from './App.vue'

// createApp(App).mount('#app')

let app;
```

```
export async function bootstrap() {
    console.log("[Vue 子应用] bootstrap excuted");
}
export async function mount(props) {
    console.log("vue app mount");
    app = createApp(App);
    app.mount(`#${props.containerId}`);
}

export async function unmount(props) {
    console.log("vue app unmount: ", props);
    app && app.unmount();
}
```

将两个微应用的"本地的"字段改成"本地的 Single-Spa"即可。

3. 启动

接下来进行打包，在两个微应用的根目录下运行"npm run build"命令，然后回到主应用的根目录下执行"npm run start"命令，即可在浏览器查看效果，如图 8-1 所示。

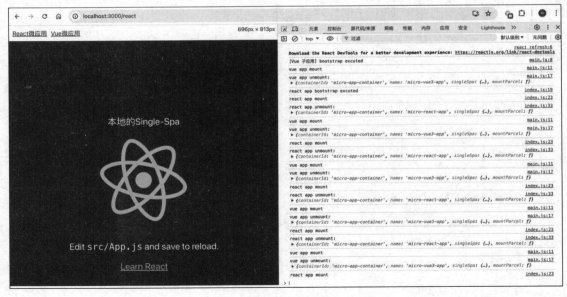

图 8-1　本地 Single-Spa 微前端

4. 尝试

原本到此就结束了，但笔者还想做一个实验。首先，在两个微应用的入口文件中增加一些打印信息：

```
// packages/micro-react-app/src/index.js
// 其他代码
var name = 'zaking';
console.log('-----my react name:',name)

let root;
// 其他代码

// packages/micro-vue3-app/src/main.js
// 其他代码
// createApp(App).mount('#app')
var name = 'zaking vue';
console.log('-----my vue name:',name)

let app;
// 其他代码
```

然后，增加一些文字和样式：

```
// packages/micro-react-app/src/App.js
<span className='react-title'>本地 React 的 Single-Spa</span>
<span className='vue-title'>本地 Vue 的 Single-Spa</span>
// packages/micro-react-app/src/App.css
.react-title {
    color: red;
}
.vue-title {
    color: pink;
}

// packages/micro-vue3-app/src/components/HelloWorld.vue
<span class="react-title">本地 React 的 Single-Spa</span>
<span class="vue-title">本地 Vue 的 Single-Spa</span>
<style>
.react-title {
    color: blue;
}
.vue-title {
    color: green;
}
</style>
```

接着，重新打包两个微应用并启动主应用，通过不断切换路由来观察效果。很快，我们就会注意到，React 微应用的 CSS 出现了污染现象。通常情况下，后加载的微应用会影响先前的微应用，也就是说，后续路由中的 CSS 会覆盖之前路由的 CSS。当然，这正是 CSS 发生冲突时"后来者居上"原则的体现。

然后，name 只是在每次路由对应的微应用加载时打印一次，不会重复执行。这也符合之前学习 Single-spa 理论时所讲的，除非手动传入 load 或 unload 事件来执行卸载，否则 Single-spa 不会重新请求和执行引入的代码。结果如图 8-2 所示。

图 8-2　后加载的 Vue 微应用的 CSS 覆盖了 React 的 CSS

由此可知，Single-spa 是一个加载器，它的核心作用是协助开发者快速集成微应用的加载，但并不具备 CSS 隔离或 JS 隔离的能力。

8.1.4　Single-spa 的动态 Script 方案实践

首先，从 section6-script 分支创建一个新的分支 section8-spa-script，我们将以之前动态 Script 方案的代码作为本节示例的基础。

在开始改造代码之前，我们先回顾一下之前的动态 Script 方案。首先，微应用在打包后会生成静态资源文件，然后通过启动一个静态服务器为主应用提供访问静态资源的地址。此外，还会通过 Node 服务来读取两个微应用的 manifest.json 文件，以获取微应用的资源列表供主应用使用。主应用会通过状态管理工具异步获取微应用的配置 JSON，在路由切换时加载对应微应用配置列表中的资源。从这个例子中可以发现，我们只是加载了对应微应用的资源并执行了挂载方法，手动将应用挂载到 DOM 上。这种代码实现方式并不能算作一个通用的微前端管理方案。因为它没有实现微应用的生命周期钩子。在动态 Script 方案中，调用的是绑定在 window 对象上的预设挂载和卸载方法，这两个方法一旦在某处发生改动，另一处也必须相应改动，这导致了主子应用之间的耦合。此外，在 Hash 路由变化时，我们没有记录微应用是否已经加载资源以及加载了哪个微应用的资源，这导致在切换路由时缺乏状态记录，我们无法判断是否应该加载或卸载对应资源。

在之前的例子中，当我们从 Vue 切换到 React，或者从 React 切换到 Vue 时，是通过硬编码来解决要卸载哪个微应用的问题。虽然这种方案解决了问题，但并不是一个良好的解决方案。

接下来，让我们探讨如何利用 Single-spa 来解决上述问题，以确保整个微前端应用更加符合生产环境下的预期。

1. 生命周期注册中心

在先前的动态 Script 方案中，我们完全依赖主子应用之间的约定来获取 mount 和 unmount 方法，以实现微应用的挂载与卸载。因此，我们需要找到一种方法或途径来创建一套通用的、包含生命周期钩子的代码逻辑，以便与 Single-spa 兼容使用。

首先，我们将在根目录 theWayOfMicroFrontend 下初始化 NPM 仓库。随后，在主子应用中，只需引入这个生命周期的公共文件，并通过 NPM 的 workspace 进行访问，这与之前的 NPM 方案相似。当然，这里我们将仅引入生命周期相关的公共文件。

```
// package.json
{
    "name": "thewayofmicrofrontend",
    "version": "1.0.0",
    "private": true,
    "description": "《微前端之道》代码示例 第 8 章 spa-script 方案示例",
    "workspaces": [
        "./*"
    ],
    "author": "",
    "license": "ISC"
}
```

然后，在 theWayOfMicroFrontend 中创建一个 lifecycle 目录，并在其中创建一个 index.js 文件作为 NPM 打包的入口。在完成这些步骤之后，直接通过 "npm init" 命令来初始化 NPM 仓库即可：

```
// lifecycle/package.json
{
    "name": "lifecycle",
    "version": "1.0.0",
    "description": "",
    "main": "index.js",
    "scripts": {
        "test": "echo \"Error: no test specified\" && exit 1"
    },
    "author": "",
    "license": "ISC"
}
```

我们逐一查看 index.js 中的代码：

```
const lifeCycleKey = "zakings-lifecycle";

export function checkLifeCycleKeyIfConflict() {
    console.log("window[lifeCycleKey]", window[lifeCycleKey]);
    if (!window[lifeCycleKey]) {
            window[lifeCycleKey] = new Map();
            window[lifeCycleKey].set(lifeCycleKey, lifeCycleKey);
            return;
    }
    if (
            !window[lifeCycleKey] instanceof Map ||
            window[lifeCycleKey].get(lifeCycleKey) !== lifeCycleKey
    ) {
            throw new Error("window.zakings-lifecycle 存在冲突");
    }
}
```

首先，分析下 checkLifeCycleKeyIfConflict 方法。它的主要作用是判断绑定在 window 对象上的各微应用的生命周期钩子是否存在冲突。这是因为，在改造代码之后，各个微应用的 mount 和 unmount 仍然绑定在 window 对象上，本质上与之前的动态 Script 方案没有差别。此改动主要是为了适应 Single-spa 的生命周期，因此进行了一些处理，具体细节将在主应用改造部分详细说明。

这个方法会检测 window 对象上是否存在名为 lifeCycleKey 的 Map 对象，即 window.zakings-lifecycle。如果不存在，则会创建一个 map 对象；如果存在，则会判断是否存在冲突，一旦发生冲突，将会报错。

接下来，查看 registerMicroAppLifecycle 方法：

```
export function registerMicroAppLifecycle(app, lifeCycle) {
    checkLifeCycleKeyIfConflict();
    if (window[lifeCycleKey].has(app)) {
            throw new Error(`app: ${app} 已经存在`);
    }
    window[lifeCycleKey].set(app, lifeCycle);
}
```

这个方法主要在微应用中调用。在调用之前，会先检测是否发生冲突；如果存在冲突，则报错；否则，将在 window 的 lifeCycleKey 上绑定对应微应用的生命周期方法。这些生命周期方法会由微应用提供，其中 key 是微应用的名称，value 是整个微应用的生命周期对象。

接下来，查看 unregisterMicroAppLifecycle 方法：

```
export function unregisterMicroAppLifecycle(app) {
    checkLifeCycleKeyIfConflict();
```

```
    if (!window[lifeCycleKey].has(app)) {
        throw new Error(`app: ${app} 不存在`);
    }
    window[lifeCycleKey].delete(app);
}
```

该方法也很简单。如果生命周期对象存在，就删除对应微应用的生命周期对象。最后，我们来介绍获取某个微应用生命周期的方法：

```
export function getMicroAppLifecycle(app) {
    checkLifeCycleKeyIfConflict();
    const lifeCycle = window[lifeCycleKey].get(app);
    if (!lifeCycle) {
        throw new Error(`app: ${app} 不存在`);
    }
    return lifeCycle;
}
```

实际上，这几个方法只利用 Map 对象的 add、delete、get 等操作，在 Single-spa 的背景下进行二次封装，结构非常简单且易于理解。

2. 主应用改造

现在开始进行主应用的改造，这是最关键的部分，请读者仔细阅读。首先，我们需要安装 Single-spa，和之前一样，不再赘述。

我们先来看一下 main-react-app 中的 index.js 文件，这是将要修改的核心区域，完整的代码如下：

```
import React from "react";
import ReactDOM from "react-dom/client";
import { Provider } from "react-redux";
import "./index.css";
import App from "./App";
import reportWebVitals from "./reportWebVitals";
import { createBrowserRouter, RouterProvider } from "react-router-dom";
// import MainApp from "./main";
import store from "./store";
import { start, registerApplication } from "single-spa";
import { loadStaticResource } from "./micro.js";
import { getMicroAppLifecycle } from "lifecycle";
const response = await fetch("http://10.0.57.197:3000/micro-config");
const config = await response.json();
console.log(config, "config");
window.__DEV__ = true;
```

```javascript
registerApplication({
    name: "micro-react-app",
    app: () =>
            loadStaticResource(
                    "http://10.0.57.197:3001/",
                    config["react"]["asset-manifest.json"],
                    "react"
            ).then(() => {
                    return getMicroAppLifecycle("react");
            }),
    activeWhen: "/react",
    customProps: {
            containerId: "micro-app-container",
    },
});
registerApplication({
    name: "micro-vue3-app",
    app: () =>
            loadStaticResource(
                    "http://10.0.57.197:3002/",
                    config["vue"]["asset-manifest.json"],
                     "vue"
            ).then(() => {
                    return getMicroAppLifecycle("vue");
            }),
    activeWhen: "/vue",
    customProps: {
            containerId: "micro-app-container",
    },
});
start();

const router = createBrowserRouter([
    {
            path: "/",
            element: <App />,
            children: [
                    {
                            path: "react",
                            element: <div id="micro-app-container"></div>,
                    },
                    {
                            path: "vue",
                            element: <div id="micro-app-container"></div>,
```

```
            },
        ],
    },
]);
const root = ReactDOM.createRoot(document.getElementById("root"));
root.render(
    <React.StrictMode>
        <Provider store={store}>
            <RouterProvider router={router} />
        </Provider>
    </React.StrictMode>
);

// If you want to start measuring performance in your app, pass a function
// to log results (for example: reportWebVitals(console.log))
// or send to an analytics endpoint. Learn more: https://bit.ly/CRA-vitals
reportWebVitals();
```

我们详细分析一下代码变动的地方。在之前的动态 Script 方案中，我们是在 mainApp 中通过监测路由变化"一次又一次"地请求配置接口，以获取微应用配置，然后通过 loadStaticResource 方法加载对应路由所需微应用的静态资源。实际上，如果抛去监测路由和请求状态管理仓库 Redux 的异步方法，mainApp 仅起到承载微应用的作用。因此，在本小节中，我们把加载微应用资源的能力交给 Single-spa 来实现，这里只需提供一个拥有固定 id 的容器即可。

具体而言，在 react-router 的子路由中，我们需要修改 element 参数：

```
element: <div id="micro-app-container"></div>
```

接下来，我们要探讨的是如何获取配置。在之前的动态 Script 示例中，每次路由响应都需要发起一次请求，这种做法非常耗费资源。因此，在当前方案中，我们只需在加载根页面时请求一次，以获取完整的配置信息。

接下来，我们将重点关注三个核心部分：loadStaticResource、getMicroAppLifecycle 和 registerApplication。对于 registerApplication，我们已经很熟悉了，它是 Single-spa 注册微应用的方法，代码如下：

```
registerApplication({
    name: "micro-react-app",
    app: () =>
        loadStaticResource(
            "http://10.0.57.197:3001/",
            config["react"]["asset-manifest.json"],
            "react"
        ).then(() => {
            return getMicroAppLifecycle("react");
```

```
        }),
    activeWhen: "/react",
    customProps: {
        containerId: "micro-app-container",
    },
});
```

name、activeWhen 和 customProps 参数都很容易理解，重点在于这个 app 参数。

我们先调用 loadStaticResource 方法。这个方法在原有逻辑中做了一些改动，完整的代码如下：

```
function loadStaticResource(host, config, id) {
    if (!Object.keys(config).length) return;
    const entrypoints = config.entrypoints;
    // const funs = config.funs;
    const queue = [];
    entrypoints &&
        entrypoints.forEach((item) => {
            if (item.endsWith(".js")) {
                queue.push(
                    loadScript({
                        script: `${host}${item}`,
                        id,
                    })
                );
            }
            if (item.endsWith(".css")) {
                queue.push(
                    loadStyle({
                        style: `${host}${item}`,
                        id,
                    })
                );
            }
        });
    return Promise.all(queue)
}
```

因为我们需要请求一个静态资源，所以在之前的动态 Script 方案中，通过 Promise.all 执行整个队列中的 load 方法。在确保 Promise.all 成功后，会在 resolve 的 then 回调函数中，通过 funs 来调用微应用中绑定在 window 对象上的对应 mount 或 unmount 方法。

在当前的示例中，我们只需要返回 Promise.all，然后在 app 参数的回调函数中进行处理。这样可以确保所有当前微应用静态资源加载完毕后，执行 getMicroAppLifecycle 方法，以获取对应微应用的生命周期函数。

通过这种方式，我们实现了在主应用中集成 Single-spa 的目标。因此，现在无论是我们的 store，还是之前的 mainApp，这些代码都可以被删除。不过，为了便于对比，在示例代码中我们仍然保留了它们。

3. 微应用改造

微应用的改造其实很简单，而且我们熟悉，下面来看一下吧。首先来看 micro-vue-app 的 main.js：

```
import { createApp } from "vue";
import App from "./App.vue";
import { registerMicroAppLifecycle } from "lifecycle";
// createApp(App).mount('#app')

let vueMicroApp;

if (!window.singleSpaNavigate) {
    vueMicroApp = createApp(App);
    vueMicroApp.mount("#app");
}

export async function bootstrap() {
    console.log("Micro Vue bootstrap excuted");
}

export async function mount(props) {
    console.log("vue app mount");
    vueMicroApp = createApp(App);
    vueMicroApp.mount(`#${props.containerId}`);
}

export async function unmount(props) {
    console.log("vue app unmount: ", vueMicroApp,props);
    vueMicroApp && vueMicroApp.unmount();
}

registerMicroAppLifecycle("vue", {
    bootstrap,
    mount,
    unmount,
});
```

在这段代码中，需要注意的是，我们首先判断是否处于 Single-spa 的环境下。如果不是，则正常执行普通单页面应用的挂载逻辑。否则，通过 registerMicroAppLifecycle 在 window 对象上绑定 Vue 微应用的生命周期函数。

接下来，是 react 微应用的 index.js：

```
import React from "react";
import ReactDOM from "react-dom/client";
import "./index.css";
import App from "./App";
import reportWebVitals from "./reportWebVitals";
import { registerMicroAppLifecycle } from "lifecycle";

let reactMicroRoot;

if (!window.singleSpaNavigate) {
    reactMicroRoot = ReactDOM.createRoot(document.getElementById("root"));
    reactMicroRoot.render(
        <React.StrictMode>
            <App />
        </React.StrictMode>
    );
}

async function bootstrap() {
    console.log("[Micro React bootstrap excuted");
}

async function mount(props) {
    console.log("react app mount");
    reactMicroRoot = ReactDOM.createRoot(
        document.getElementById(props.containerId)
    );
    reactMicroRoot.render(
        <React.StrictMode>
            <App />
        </React.StrictMode>
    );
}

async function unmount(props) {
    console.log("react app unmount: ", reactMicroRoot,props);
    reactMicroRoot && reactMicroRoot.unmount();
}

registerMicroAppLifecycle("react", {
    bootstrap,
```

```
    mount,
    unmount,
});
// If you want to start measuring performance in your app, pass a function
// to log results (for example: reportWebVitals(console.log))
// or send to an analytics endpoint. Learn more: https://bit.ly/CRA-vitals
reportWebVitals();
```

思路是一样的，这里不再赘述。

4. 启动与小结

之前，在启动位于 server 文件夹下的 Node 服务时，我们需要逐一启动，这个过程颇为烦琐。现在，我们在 server 目录下安装了 nodemon 工具，之后便可以通过 nodemon 一次性批量启动所有 Node 服务。为此，我们需要在 server/package.json 文件的 scripts 部分新增一个脚本：

```
"start": "nodemon microVueServer.js & nodemon microReactServer.js & nodemon jsonServer.js"
```

这样，我们只需在 server 文件夹下执行 "npm run start" 即可。此外，别忘记在启动之前把两个微应用重新打包一下。启动成功之后，我们再启动一下 main-react-app 主应用，就可以在浏览器中查看效果了，如图 8-3 所示。

图 8-3　Single-spa 改造后的动态 Script 方案执行后的效果

8.1.5　Single-spa 的 Fetch 方案实践

其实，整个 Fetch 方案的修改很简单。以 Single-spa 的 Script 方案的代码为例，因为要修改的内容较少，这里不再额外创建分支。

只需要进行以下修改即可：

```
// main-react-app/src/micro.js
```

```
async function loadScript({ script, id }) {
    const res = await window.fetch(script);
    const text = await res.text();
    (0, eval)(text);
    // return new Promise((resolve, reject) => {
    //   const $script = document.createElement("script");
    //   $script.src = script;
    //   $script.setAttribute("micro-script", id);
    //   $script.onload = resolve;
    //   $script.onerror = reject;
    //   document.body.appendChild($script);
    // });
}
```

之前，我们是通过创建 script 标签来引入 JavaScript 依赖并执行的。其实也可以通过 Ajax 请求来获取静态的 JavaScript 代码，并通过 eval 函数来执行它们。

对于 CSS，处理起来就不太方便，所以我们仍然通过 link 标签来加载 CSS。除非修改了 Webpack 配置，在打包时将 CSS 也打包到 JS 文件中，这样就可以统一通过一种方式来加载依赖的静态资源。

这里需要特别解释一下 eval 的执行方式。为什么要使用(0, eval)这样的写法呢？

从代码执行的角度来看，(0, eval)的写法实际上返回的是 eval 函数，并立即执行 eval(text)。从语法上说，逗号运算符会计算所有表达式并返回最后一个表达式的值。也就是说，(0, eval)的求值结果为 eval（这是一个函数对象），因此这一表达式等价于 eval(text)。

那么，既然它们等价，为什么要这样写呢？关键在于，这样写法通过逗号运算符使 eval 在 window 对象的执行环境中运行。这样可以避免在执行 text 中的代码时，可能出现找不到 window 对象，或出现引用污染的问题。

最后，如果读者按照本书的步骤边读边编写代码，那么在启动项目时可能会遇到一些问题。但笔者相信，读者一定能解决这些问题。

8.1.6 小结

本节通过学习 Single-spa 这个微前端框架，对我们在第 6 章学习的动态 Script 方案和 NPM 方案进行了改造。实际上，读者在学习过程中会发现，无论我们如何更改方案，创建微前端项目所需的核心内容几乎是不变的。

例如，无论是哪种方案，我们都需要微应用资源的配置表；无论是哪种方案，都需要在微应用中暴露钩子函数供主应用调用；无论是哪种方案，都需要实现"隔离"。

因此，不论我们在学习何种知识时，都应该专注于其核心原理，即"道"，而不仅仅是具体的技术手段，即"术"。当然，不可否认的是，"道"通常较为抽象，如果没有"术"的具体应用作为辅助，理解起来确实不太容易。

学习的过程，其实就是把书"读厚"，再把书"读薄"。

8.2　Qiankun

Qiankun 是一个基于 Single-spa 的微前端实现库，旨在帮助开发者更简单、更高效地构建一个生产级别的微前端架构系统。

Qiankun 源自蚂蚁金服的金融科技，最初作为微前端架构的云产品统一接入平台而孵化的。经过多个线上应用的充分检验和优化，我们将微前端的内核抽出来并进行了开源。我们希望这不仅能帮助社区中有着类似需求的系统更轻松地构建自己的微前端系统，同时也期待通过社区的反馈和帮助，使 Qiankun 成熟和完善。

微前端架构旨在解决单体应用在较长时间跨度内，由于团队规模的扩大和人员的变化，从一个普通应用演变成为巨石应用（Frontend Monolith）所带来的维护难题。这类问题在企业级 Web 应用中尤为常见。

换句话说，选择微前端架构作为项目的技术选型，往往并不是项目一开始就决定的，而是在项目逐步迭代的过程中，随着更多、更广泛的业务场景的引入，项目规模变得越来越庞大。如果不引入某种技术手段，项目将变得越来越难以控制，人员在维护、开发和理解上的成本也将显著增加。在这种情况下，需要一种能够从特定维度或领域对项目进行解耦或分割的技术方案。而微前端正是在这种背景下应运而生的。

8.2.1　Qiankun 的基本理论

之前在学习 Single-spa 时，实现微前端示例代码的步骤如下：

- 手动在子应用中导出微应用的生命周期函数。
- 自定义 app 参数的加载逻辑。
- 手动遍历加载依赖资源的逻辑。

在 Single-spa 中，我们需要自行实现这些内容，但使用 Qiankun，则可以省去这些步骤，因为 Qiankun 已经为我们处理好了这些细节。

Qiankun 并没有选择 iframe 作为其技术选型方案。尽管 iframe 几乎具备了完美的原生前端隔离能力，无论是样式隔离还是 JavaScript 隔离，这类问题都能被很好地解决。但它的最大问题在于隔离性无法被突破，导致应用之间无法共享上下文，随之带来了开发体验和产品体验的问题。主要问题包括 URL 不同步、DOM 不共享、全局上下文不共享等。因此，Qiankun 放弃了将 iframe 作为微前端技术的选型方案。

1. Qiankun 的特点

Qiankun 在官网列出了以下特性：

- 基于 Single-spa 封装，提供了开箱即用的 API。
- 技术栈无关，支持任意技术栈的应用接入，不论是 React、Vue、Angular、jQuery 还是其他框架。
- HTML Entry 接入方式，使得接入微应用像使用 iframe 一样简单。
- 样式隔离，确保微应用之间的样式不会互相干扰。
- JS 沙箱，确保微应用之间的全局变量和事件不会冲突。
- 资源预加载，在浏览器空闲时间预加载未打开的微应用资源，以加速微应用的打开速度。
- 提供 umi 插件，通过@umijs/plugin-qiankun 一键切换 umi 应用为微前端架构系统。

我们来简单了解一下 Qiankun 的几个关键特性。

首先，Qiankun 是基于 Single-spa 进行二次封装的。与 Single-spa 相比，Qiankun 提供了更高级的开箱即用功能。而 Single-spa 更为原始，仅提供了微前端架构最基础的能力。从之前的例子中可以看到，许多技术细节需要开发者自己实现。Qiankun 则补全了 Single-spa 缺失的部分。

其次，Qiankun 与技术栈无关，这符合微前端架构的基本原则。技术栈的无关性使得老旧系统的改造和接入更加容易。

再次，Qiankun 提供了 HTML Entry 的接入方式，主要依赖于 import-html-entry 包。这个包会解析入口 HTML 文件的文本内容，提取其中的 CSS 和 JS 依赖。CSS 以内联方式嵌入 HTML 中，而 JS 则通过我们在 Single-spa 中提到的 fetch 方法（即使用 eval）来执行 JS 代码。此外，该包还能自动识别子应用的入口脚本并解析生命周期函数，从而无须手动引入。

接下来，Qiankun 提供了 Single-spa 不具备的隔离方案。通过样式隔离和 JS 沙箱隔离，Qiankun 确保各个微应用之间不会相互影响，保持了应用的独立性和整洁。

最后，Qiankun 提供了资源预加载功能。在浏览器空闲时预加载未打开的微应用资源，以加快微应用间的切换速度。

2. Qiankun 的 API 简介

Qiankun 的核心 API 实际上与 Single-spa 类似，只不过由于 Qiankun 自身的特性，在某些参数或细节上有一些变化。

1）registerMicroApps

在 Qiankun 中，registerMicroApps 接收两个主要参数，我们先来看一下这些参数的完整形式：

```
import { registerMicroApps } from 'qiankun';
registerMicroApps(
```

```
[
    {
        name: 'app1',
        entry: '//localhost:8080',
        container: '#container',
        activeRule: '/react',
        props: {
            name: 'kuitos',
        },
    },
],
{
    beforeLoad: (app) => console.log('before load', app.name),
    beforeMount: [(app) => console.log('before mount', app.name)],
},
);
```

可以看到，第一个参数是由微应用配置组成的一个数组，用于在主应用中读取配置，第二个参数则是包含生命周期的对象。这与 Single-spa 的配置有明显的区别，接下来我们详细解析。

首先来看微应用配置的数组，这部分与 Single-spa 基本相同，包括微应用的名称 name、加载微应用的条件 activeRule，以及传给微应用的参数 props。

不过，Qiankun 把 Single-spa 中的 app 参数拆解成了 entry 和 container 两个参数，entry 的配置说明如下：

```
string | { scripts?: string[]; styles?: string[]; html?: string }
```

也就是说，entry 可以是一个字符串，表示微应用的入口 URL；也可以是一个对象，包括 JavaScript、CSS 和入口 HTML 的文本字符串。换句话说，可以在这里编写一个简单的 HTML 文本作为微应用的入口。

container 也有两种配置形式：

```
string | HTMLElement
```

container 可以是微应用的容器节点的选择器字符串或者 DOM 元素实例，例如 container: '#root' 或 container: document.querySelector('#root')。

lifecycles 部分的参数则有以下几个可选项：

```
beforeLoad - Lifecycle | Array<Lifecycle>         - 可选 —— 微应用加载前
beforeMount - Lifecycle | Array<Lifecycle>        - 可选 —— 微应用挂载前
afterMount - Lifecycle | Array<Lifecycle>         - 可选 —— 微应用挂载后
beforeUnmount - Lifecycle | Array<Lifecycle>      - 可选 —— 微应用卸载前
afterUnmount - Lifecycle | Array<Lifecycle>       - 可选 —— 微应用卸载后
```

这些生命周期方法可以是单个函数，也可以是函数数组，且在微应用触发对应事件时执行，方便我们在特定生命周期环节执行相关操作。

2）start

与 Single-spa 相比，Qiankun 的 start 方法支持更多配置项，主要包含以下参数：

```
start({
    prefetch: true,
    sandbox: true,
    singular: true,
    fetch: () => {},
    getPublicPath: (entry) => "",
    getTemplate: (tpl) => "",
    excludeAssetFilter: (assetUrl) => true,
});
```

这些参数都是可选的，下面我们逐一解释各个参数的作用。

（1）prefetch

prefetch 的参数说明如下：

```
prefetch: boolean | 'all' | string[] | (( apps: RegistrableApp[] ) =>
{ criticalAppNames: string[]; minorAppsName: string[] })
```

可以看到，prefetch 有 4 种参数，默认为 true。

当 prefetch 配置为 true 时，Qiankun 会在第一个微应用加载完成后，开始预加载其他微应用的静态资源。如果配置为 all，则在主应用启动后立即开始预加载所有微应用的静态资源。如果配置为 string[]类型的数组，则会在第一个微应用加载完成后，预加载数组中指定的微应用资源。如果配置为函数（function），则可以完全自定义微应用资源的加载时机，包括首屏应用和非首屏应用的加载策略。

（2）sandbox

sandbox 为可选项，表示是否开启沙箱机制，默认为 true。参数配置如下：

```
sandbox: boolean | { strictStyleIsolation?: boolean,
experimentalStyleIsolation?: boolean }
```

从参数项中可以看出，sandbox 的值可以是一个布尔值，也可以是一个更详细的对象参数。默认情况下，沙箱可以确保单实例场景下子应用之间的样式隔离，但无法确保主应用与子应用，或者多实例场景下子应用之间的样式隔离。当配置 strictStyleIsolation 为 true 时，表示开启严格的样式隔离模式。在这种模式下，Qiankun 会为每个微应用的容器包裹上一个 ShadowDOM 节点，从而确保微应用的样式不会影响全局。

　　尤其要注意的是，ShadowDOM 并不是可以随便使用的方案。比如在 React 场景下，通过 ShadowDOM 包裹 React 组件可能导致事件无法触发等问题。这些问题需要读者去寻找解决方案，大部分情况下需要为接入的应用进行适配，才能让它们在 ShadowDOM 中正常运行。因此，使用者需要清楚开启 strictStyleIsolation 意味着什么以及可能带来的影响。

　　此外，使用 strictStyleIsolation 时需要格外小心。Qiankun 还提供了一个实验性的样式隔离特性。当 experimentalStyleIsolation 设置为 true 时，Qiankun 会对子应用所添加的样式进行改写，为所有样式规则增加一个特殊的选择器规则，以限定其影响范围。改写后的代码结构如下：

```
// 假设应用名是 react16
.app-main {
    font-size: 14px;
}

div[data-qiankun-react16] .app-main {
    font-size: 14px;
}
```

　　（3）其他参数

　　剩下的参数相对简单。singular 参数用于配置是否为单实例场景，单实例指的是在同一时间只会存在一个微应用的实例。fetch 参数类似于我们在 Single-spa 示例中看到的 fetch 方法，它允许自定义资源加载的方式。有关其他参数的细节，读者可访问官网自行查看，这里不再赘述。

　　3）setDefaultMountApp

　　这个 API 用于设置主应用启动后默认进入的微应用。使用方式如下：

```
import { setDefaultMountApp } from 'qiankun';
setDefaultMountApp('/homeApp');
```

　　注意，传入的参数为微应用触发条件的路由字符串，相当于 Qiankun 帮助我们在主应用加载完毕后自动触发了一次路由切换事件。

　　4）runAfterFirstMounted

　　这是第一个微应用执行 mount 钩子后需要调用的方法，比如开启监控或埋点脚本。它的参数是一个回调函数，示例如下：

```
import { runAfterFirstMounted } from 'qiankun';

runAfterFirstMounted(() => doSomethingYouWant());
```

　　5）loadMicroApp

　　loadMicroApp 是一个非常重要的 API，通常用于手动加载微应用的场景。此类微应用通常是不带路由的可独立运行的业务组件。但需要强调一点，微应用的拆分不宜过细。

loadMicroApp 主要有两个参数选项：app 和 configuration。其中 app 参数与 registerMicroApps 中的 apps 类似，只是没有 activeRule 参数，因为手动加载不需要触发条件。

configuration 与 start 方法中的 options 参数一样，换句话说，loadMicroApp 用于手动加载方法，是 registerMicroApps 和 start 方法的组合。

当然，loadMicroApp 方法会返回一个微应用（MicroApp）实例：

```
mount(): Promise<null>;
unmount(): Promise<null>;
update(customProps: object): Promise<any>;
getStatus(): | "NOT_LOADED" | "LOADING_SOURCE_CODE" | "NOT_BOOTSTRAPPED" |
"BOOTSTRAPPING" | "NOT_MOUNTED" | "MOUNTING" | "MOUNTED" | "UPDATING" |
"UNMOUNTING" | "UNLOADING" | "SKIP_BECAUSE_BROKEN" | "LOAD_ERROR";
loadPromise: Promise<null>;
bootstrapPromise: Promise<null>;
mountPromise: Promise<null>;
unmountPromise: Promise<null>;
```

返回这些实例的目的是为了方便我们在页面的某个环节调用这些方法。以一个react组件为例：

```
import { loadMicroApp } from 'qiankun';
import React from 'react';

class App extends React.Component {
    containerRef = React.createRef();
    microApp = null;
    componentDidMount() {
        this.microApp = loadMicroApp({
            name: 'app1',
            entry: '//localhost:1234',
            container: this.containerRef.current,
            props: { brand: 'qiankun' },
        });
    }
    componentWillUnmount() {
        this.microApp.unmount();
    }
    componentDidUpdate() {
        this.microApp.update({ name: 'kuitos' });
    }
    render() {
        return <div ref={this.containerRef}></div>;
    }
}
```

可以看到，通过 loadMicroApp API 在 React 组件中挂载了微应用。

6）prefetchApps

prefetchApps 用于手动预加载指定的微应用静态资源。仅在手动加载微应用的场景下需要使用，基于路由自动激活的场景可以直接配置 prefetch 属性。用法如下：

```
import { prefetchApps } from 'qiankun';

prefetchApps([
    { name: 'app1', entry: '//localhost:7001' },
    { name: 'app2', entry: '//localhost:7002' },
]);
```

通常 prefetchApps 需要与 loadMicroApp 搭配使用。在确定要手动加载某个微应用之前，可以先手动加载指定微应用的静态资源。

7）initGlobalState

initGlobalState 用于定义全局状态，并返回通信方法，建议在主应用中使用，微应用通过 props 获取通信方法。initGlobalState 在主应用中的使用方法如下：

```
import { initGlobalState, MicroAppStateActions } from 'qiankun';

// 初始化 state
const actions: MicroAppStateActions = initGlobalState(state);

actions.onGlobalStateChange((state, prev) => {
    // state: 变更后的状态；prev: 变更前的状态
    console.log(state, prev);
});
actions.setGlobalState(state);
actions.offGlobalStateChange();
```

我们来详细看一下返回的这三个方法。

- onGlobalStateChange: (callback: OnGlobalStateChangeCallback，fireImmediately?: boolean)=>void。在当前应用中监听全局状态的变化，状态变更时会触发 callback，如果 fireImmediately 为 true，则会立即触发一次 callback。

- setGlobalState: (state: Record<string, any>)=>boolean。按一级属性设置全局状态，微应用中只能修改已存在的一级属性。

- offGlobalStateChange: ()=>boolean。移除当前应用的状态监听，微应用 umount 时会默认调用。

在微应用中的使用方法如下：

```
// 从生命周期 mount 中获取通信方法
export function mount(props) {
```

```
props.onGlobalStateChange((state, prev) => {
  // state: 变更后的状态; prev: 变更前的状态
  console.log(state, prev);
});

props.setGlobalState(state);
}
```

通过微应用的 mount 生命周期的 props 参数即可获取 onGlobalStateChange 方法，在回调函数中可以获取传递的值。

8）其他

其他 API，比如 addGlobalUncaughtErrorHandler、removeGlobalUncaughtErrorHandler 等用于全局错误收集，易于理解，这里不再赘述。

8.2.2　Qiankun 简单实践

首先，需要利用各个前端框架的脚手架工具快速创建一个 Vue 3 主应用，以及两个微应用，分别基于 React 和 Vue 2。此外，还需要创建一个以传统静态 HTML 形式存在的微应用。在目录结构中，总共包含 4 个项目，具体的目录结构如图 8-4 所示。

1. 主应用的改造

我们先删除主应用中一些不相关的文件，仅保留对接下来改造有用的部分。当前主应用的基本目录结构如图 8-5 所示。

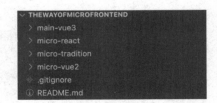

图 8-4　Qiankun 微前端框架示例基本目录结构　　　图 8-5　主应用改造后的目录结构

我们先来看一下 Vue3 主应用的 DOM 结构，也就是 App.vue 和 views/home.vue 两个文件中的代码：

```
// App.vue
<template>
    <router-view />
</template>

<style lang="less"></style>

// views/home.vue
<template>
    <div class="home">
        <nav>
                <router-link to="/react">react</router-link> |
                <router-link to="/vue2">vue2</router-link>
        </nav>
        <router-view />
    </div>
</template>
<script>
export default {
    name: "homePage",
};
</script>
```

App 作为整个项目的根组件，而 home 则是根组件中的一个子组件。在 home 组件内，我们手动定义了 react 和 vue2 两个路由。在常规的项目开发场景中，这类配置通常是通过后端接口或主应用读取各个微应用的配置信息，这与我们在 6.2 节中通过 Node 服务生成配置接口的方式相似，因此这里不再详细说明。

接下来，我们对比一下 router 的配置：

```
// main-vue3/src/router/index.js
import { createRouter, createWebHistory } from "vue-router";

const routes = [
    {
        path: "/",
        name: "Home",
        component: () =>
    import(/* webpackChunkName: "about" */ "../views/home.vue"),
        children: [
                {
                        path: "/vue2",
```

```
                        name: "vue2",
                        component: () => <div id="vue2">vue2</div>,
                    },
                     {
                        path: "/react",
                        name: "react",
                        component: () => <div id="react"></div>,
                    },
                ],
        },
];

const router = createRouter({
    history: createWebHistory(),
    routes,
});

export default router;
```

在这里，我们需要注意两个关键点。首先，我们修改了路由模式。默认生成的项目使用的是 hash 模式，但在这里暂时先将其更改为 history 模式。稍后，在接入微应用时，我们会详细解释这一部分，现在先埋个"坑"。

其次，关于路由配置的问题。根据组件嵌套的层级，我们创建了 home 组件下的子路由。需要注意的是，这里的路由组件仅仅是一个简单的 div，它充当的是微应用的容器。这是第二个"坑"。

最后，我们只需要关注 main.js，代码如下：

```
// main-vue3/src/main.js
import { createApp } from "vue";
import App from "./App.vue";
import router from "./router";
import { registerMicroApps, start } from "qiankun";
registerMicroApps(
    [
        {
                name: "micro-react-app",
                entry: "http://10.0.57.16:3000/",
                container: "#react",
                activeRule: "/react",
                props: {
                        desc: "zakingwong",
                },
        },
    ],
```

```
        {
            beforeLoad: (app) => console.log("before load", app.name),
        }
);
// 启动 qiankun
start({
    sandbox: {
            experimentalStyleIsolation: true,
    },
});
createApp(App).use(router).mount("#app");
```

这部分的核心在于引入 Qiankun 的 registerMicroApps 和 start API，创建 React 微应用的配置表，然后使用 start 方法启动即可。这个过程很容易理解。需要注意的是，我们在 start 方法中传入了一个样式隔离的参数。之前在介绍 Qiankun 的 API 时已经提到过这一点。如果你不清楚它的具体作用，可以回头查阅相关内容，或者直接访问 Qiankun 的官网进行查询。此时，我们的主应用页面效果如图 8-6 所示。

图 8-6 主应用改造后页面效果展示

友情提示，别忘记安装 Qiankun 包：

```
npm i qiankun || sudo npm i qiankun
```

2. 接入 React 微应用

接入 React 微应用的过程稍微复杂一些，我们先来看一下 index.js 的改动：

```
// micro-react/src/index.js
import "./public-path";
import React from "react";
import ReactDOM from "react-dom/client";
import "./index.css";
import App from "./App";
import reportWebVitals from "./reportWebVitals";
import { BrowserRouter } from "react-router-dom";
let root;

if (!window.__POWERED_BY_QIANKUN__) {
    root = ReactDOM.createRoot(document.getElementById("root"));
    root.render(
```

```
                <BrowserRouter basename={"/"}>
                    <React.StrictMode>
                        <App />
                    </React.StrictMode>
                </BrowserRouter>
        );
    }

    export async function bootstrap() {
        console.log("[react18] react app bootstraped");
    }

    export async function mount(props) {
        console.log("[react18] props from main framework mount", props);
        console.log(props.container, "container------------");
        const { container } = props;
        const rootDom = container
                ? container.querySelector("#root")
                : document.querySelector("#root");
        root = ReactDOM.createRoot(rootDom);
        root.render(
                <BrowserRouter basename={window.__POWERED_BY_QIANKUN__ ?
"/react" : "/"}>
                    <React.StrictMode>
                        <App />
                    </React.StrictMode>
                </BrowserRouter>
        );
    }

    export async function unmount(props) {
        console.log("[react18] props from main framework unmount", props);
        root && root.unmount();
    }

    // If you want to start measuring performance in your app, pass a function
    // to log results (for example: reportWebVitals(console.log))
    // or send to an analytics endpoint. Learn more: https://bit.ly/CRA-vitals
    reportWebVitals();
```

完整的 index.js 代码就是如此，下面我们来详细分析它。

首先，在文件的最开始，我们引入了 public-path.js。这个文件与 index.js 同级，都位于根目录下。它的内容如下：

```
// micro-react/src/public-path.js
if (window.__POWERED_BY_QIANKUN__) {
    // eslint-disable-next-line no-undef
    __webpack_public_path__ = window.__INJECTED_PUBLIC_PATH_BY_QIANKUN__;
    // eslint-disable-next-line no-undef
    console.log(__webpack_public_path__);
}
```

当然，可以直接把这段代码放在 index.js 的开头，效果是一样的。它的作用是让 Webpack 获取 Qiankun 已有的正确的静态资源文件地址。

最后，像之前在 Single-spa 环境中一样，我们导出了生命周期函数，尤其要注意一下 mount 方法，这里会填上我们之前说过的第二个"坑"。先来解释一下代码。

我们着重看这段代码：

```
const { container } = props;
const rootDom = container
    ? container.querySelector("#root")
    : document.querySelector("#root");
root = ReactDOM.createRoot(rootDom);
```

通过 props 传递的参数获取到 container，如果存在 container，则在 container 的范围内寻找 ID 为 root 的 DOM 作为 React 微应用的挂载节点。这与我们之前使用的例子有所不同，之前的例子是直接挂载到主应用中对应路由的节点上，把微应用的内容直接放到这个节点下。然而，在 Qiankun 环境下并不是这样的，如图 8-7 和图 8-8 所示。

图 8-7　在 Qiankun 的 mount 阶段打印 props.container 的结果

```
▼<div id="app" data-v-app>
  ▼<div class="home">
    ▶<nav> ⋯ </nav>
    ▼<div id="react">
      ▼<div id="__qiankun_microapp_wrapper_for_micro_react_app__" data-name="micro-react-app"
        data-version="2.10.16" data-sandbox-cfg="{"experimentalStyleIsolation":true}" data-
        qiankun="micro-react-app"> == $0
        ▶<qiankun-head> ⋯ </qiankun-head>
         <noscript>You need to enable JavaScript to run this app.</noscript>
        ▼<div id="root">
          ▼<div class="App">
            ▶<header class="App-header"> ⋯ </header> (flex)
            </div>
          </div>
        </div>
      </div>
    </div>
  </div>
  <!-- built files will be auto injected -->
  <style></style>
```

图 8-8　qiankun 子应用渲染后的 DOM 节点

从图中可以看到，打印的 props.container 是一个由 Qiankun 生成并放置在挂载点内的顶层节点。因此，实际上对于微应用来说（以图 8-8 为例），挂载在 ID 为 react 的节点内的下一级节点是由 Qiankun 生成的。如果你希望微应用挂载它自己的 DOM，则需要在这个 container 内寻找自己的 root。这一点可能有些复杂，请读者仔细思考一下。

简单来说，Qiankun 并不像我们之前的例子那样把渲染好的 DOM 复制过来放在自定义的节点下，而是把整个应用通过 Qiankun 的容器再包裹了一层。

接下来，我们增加了一个 BrowserRouter 组件，这使得 React 微应用能够监听 history 模式的路由。这也是我们之前提到的第一个问题的内容。目前，Vue 3 主应用和 React 微应用都使用 history 模式。那么，如果主应用或微应用中的某一个或两者都是 hash 模式，会出现什么问题呢？

这可能导致微应用不响应路由变化。具体情况可能表现为：

- 应用不限。
- 微应用是 history 模式，则需要设置路由的 base 属性。
- 微应用是 hash 模式。
- React 不响应。
- Vue 响应。
- Angular 需要配置--base-href 才会响应。

如果你确定所有微应用都采用 hash 模式，那么需要修改主应用和微应用的路由配置，以确保它们能够响应对应的微应用。至于如何进行配置，这里留给读者一个练习：请自行访问官方网站查询相关信息，并尝试根据本书的示例接入微应用。

两个"坑"都算是埋上了，接下来还需要安装一个名为 craco 的工具包，它的作用其实就是在无须退出（eject）React 项目的 Webpack 配置的情况下，允许我们自定义和扩展 React 的项目配置。安装命令如下：

```
npm install @craco/craco --save-dev
```

然后，我们在根目录下新增一个 craco.config.js 文件，代码如下：

```
const { name } = require("./package");

module.exports = {
    webpack: {
        configure: (webpackConfig) => {
            webpackConfig.output.library = `${name}-[name]`;
            webpackConfig.output.libraryTarget = "umd";
            webpackConfig.output.chunkLoadingGlobal =
`webpackJsonp_${name}`;
            return webpackConfig;
        },
    },
    devServer: (devServerConfig) => {
        devServerConfig.historyApiFallback = true;
        devServerConfig.open = false;
        devServerConfig.hot = false;
        devServerConfig.watchFiles = [];
        devServerConfig.headers = {
            "Access-Control-Allow-Origin": "*",
        };
        return devServerConfig;
    },
};
```

整个代码主要是修改文件导出的命名，并设置开发环境的跨域选项。接下来，我们需要修改一下 package.json 中的 scripts 脚本：

```
"scripts": {
    "start": "craco start",
    "build": "craco build",
    "test": "craco test",
    "eject": "react-scripts eject"
},
```

微应用通过 craco 启动。我们启动主应用和 React 微应用，可以在本地查看效果，如图 8-9 所示。

图 8-9　主应用接入 React 微应用的效果图

3. 接入 Vue2 微应用

有了之前接入微应用的经验，接入 Vue2 微应用就相对简单很多。首先，我们在主应用中添加 Vue2 微应用的注册信息：

```
{
    name: "micro-vue-app",
    entry: "http://10.0.57.16:8081/",
    container: "#vue2",
    activeRule: "/vue2",
    props: {
        desc: "zakingwong",
    },
},
```

在 Vue2 微应用中，主要的改造点在 main.js 和 vue.config.js 中：

```
// micro-vue2/src/main.js
import "./public-path";
import Vue from "vue";
import VueRouter from "vue-router";
import App from "./App.vue";
import routes from "./router";
import store from "./store";

Vue.config.productionTip = false;

let router = null;
```

```
let instance = null;
function render(props = {}) {
    const { container } = props;
    router = new VueRouter({
            base: window.__POWERED_BY_QIANKUN__ ? "/vue2/" : "/",
            mode: "history",
            routes,
    });
    instance = new Vue({
            router,
            store,
            render: (h) => h(App),
    }).$mount(container ? container.querySelector("#app") : "#app");
}

// 独立运行时
if (!window.__POWERED_BY_QIANKUN__) {
    render();
}

export async function bootstrap() {
    console.log("[vue2] vue app bootstraped");
}
export async function mount(props) {
    console.log("[vue2] props from main framework", props);
    render(props);
}
export async function unmount() {
    instance.$destroy();
    instance.$el.innerHTML = "";
    instance = null;
    router = null;
}
```

　　以上是 main.js 的完整代码。我们仍需引入 public-path.js，其内容与之前的 React 子应用相同。接着，导出生命周期函数，其核心是 render 方法。该方法的基本思想是采用不同框架中相同的逻辑处理方式：使用 history 模式的路由，并根据是否处于 Qiankun 环境来判断路由的选择依据，然后挂载 Vue 实例。

　　接下来是 vue.config.js，这个文件的改造内容实际上与上述类似：

```
// micro-vue2/vue.config.js
// const { defineConfig } = require("@vue/cli-service");
// module.exports = defineConfig({
//   transpileDependencies: true,
```

```
   // });

   const { name } = require('./package');
   module.exports = {
      devServer: {
         headers: {
            'Access-Control-Allow-Origin': '*',
         },
      },
      configureWebpack: {
         output: {
            library: `${name}-[name]`,
            libraryTarget: 'umd', // 把微应用打包成 umd 库格式
            chunkLoadingGlobal: `webpackJsonp_${name}`, // Webpack 5
需要把 jsonpFunction 替换成 chunkLoadingGlobal
         },
      },
   };
```

然后，重新启动主应用和 Vue2 微应用，我们就可以看到 Qiankun 加载 Vue2 微应用的效果了，如图 8-10 所示。

图 8-10　接入 Vue2 微应用

4. 接入传统项目微应用

以 jQuery 为例的传统项目，在页面中引入 jQuery。我们先来看一下 tradition 项目的目录结构，如图 8-11 所示。

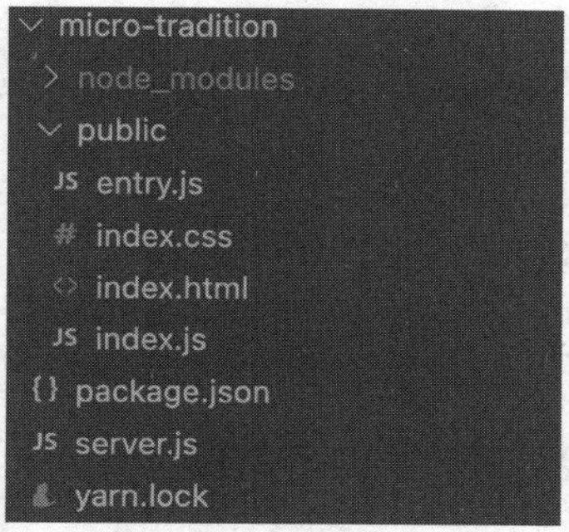

图 8-11　传统 jQuery 页面微应用的目录结构

这里最重要的就是 entry.js，其核心代码如下：

```
const render = ($) => {
    $("#container").html("Hello, render with jQuery");
    return Promise.resolve();
};


((global) => {
    global["tradition"] = {
            bootstrap: () => {
                    console.log("tradition bootstrap");
                    return Promise.resolve();
            },
            mount: () => {
                    console.log("tradition mount");
                    return render($);
            },
            unmount: () => {
                    console.log("tradition unmount");
                    return Promise.resolve();
            },
    };
})(window);
```

我们定义了一个 render 函数，该函数的作用非常直接：它负责获取已挂载的 DOM 元素，并将 HTML 文本渲染到其中。接着，我们在 window 对象上绑定了生命周期函数，以便 Qiankun 框架能够使用这些函数。这个过程非常直观易懂。

接下来，我们来看一下 index.html：

```
<!DOCTYPE html>
<html lang="en">
    <head>
```

```html
        <meta charset="UTF-8" />
        <meta name="viewport" content="width=device-width,
initial-scale=1.0" />
        <title>Document</title>
        <link rel="stylesheet" href="http://localhost:3003/index.css" />
        <script
src="https://cdn.bootcss.com/jquery/3.4.1/jquery.min.js"></script>
    </head>
    <body>
        <div style="display: flex;justify-content: center;align-items:
center;height: 200px;">
            Micro Tradition Example
        </div>
        <div class="header">Hello Zaking</div>
        <div id="container" style="text-align: center"></div>
        <script src="http://localhost:3003/entry.js" entry></script>
        <script src="http://localhost:3003/index.js"></script>
    </body>
</html>
```

在 index.html 中引入所需的各个依赖即可。最后，我们来看一下 server.js，这里的代码读者应该很熟悉了，因为我们之前经常用这种方法在本地启动一个 Node 服务：

```javascript
// 导入 Express 模块
const express = require('express');
const cors = require('cors');
// 创建一个 Express 应用
const app = express();
app.use(cors());

// 设置静态资源目录
app.use(express.static('public'));

// 设置端口号
const port = process.env.PORT || 3003;

// 启动服务器
app.listen(port, () => {
    console.log(`Static resource server is running on
http://localhost:${port}`);
});
```

然后，修改主应用，这里不再重复如何在主应用中添加传统微应用，读者自行尝试。启动 Node 服务后，就可以看到最终的效果，如图 8-12 所示。

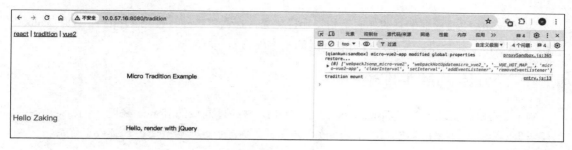

图 8-12　Qiankun 接入传统项目

5. 小结

至此，关于 Qiankun 的部分就基本讲完了。在整个学习过程中，我们发现使用 Qiankun 框架确实比使用 Single-spa 要方便许多。然而，想要无缝接入 Qiankun，实际情况与预期仍有差距，官方声称的"不限框架"在实践中可能会遇到不少兼容性问题。

假设你目前面临的任务是将十几个子系统改造成微应用并进行集成，那么需要对每个子系统的版本管理、构建流程、打包策略以及生产环境的部署等方面进行全面的改造。此外，不同的 Webpack 版本和构建工具的差异可能会出现一些微妙的影响，甚至可能需要在运行时进行调整，这些细节非常繁多。在这种情况下，除非有充足的人力资源，否则更推荐采用路由式或 iframe 式的微前端解决方案来整合各个子系统。

本节通过学习 Qiankun 的 API 完成了一个基础的微前端项目实例，我们对 Qiankun 的基本概念和使用方法有了较为全面的掌握。在实现这个例子的过程中，我们意识到，复杂性并不主要在于主应用的配置或微应用的接入过程，而在于不同前端框架及其版本差异所引发的兼容性问题。这正是我们在集成 Qiankun 后所面临的最大挑战。

8.3　Wujie

Wujie 是腾讯开源的一款基于 WebComponent 容器 + iframe 沙箱的微前端框架，Wujie 的官网对该框架的特点做了如下描述：

- 极速：极致预加载和预执行，页面秒开无白屏，丝滑般切换。
- 强大：支持子应用保活、内嵌、去中心化通信、多应用激活。
- 简单：框架封装，保持普通组件使用体验一致。
- 原生隔离：基于 WebComponent 和 iframe，原生物理隔离。
- 原生性能：避免使用 with 语句运行代码，整体运行性能接近原生。
- 开箱即用：主、子应用无须进行任何适配，开箱即用。

如果 Wujie 微前端框架真的如它宣传得那样优秀，那么笔者建议使用 Wujie 而不是 Qiankun 或者 Single-spa。接下来，我们将探讨 Wujie 的基本理论和使用方式。

8.3.1　Wujie 的基本理论

Wujie 的核心是通过 WebComponent 承载 DOM，并通过同域的 iframe 来运行 JavaScript，以此实现 JavaScript 的原生隔离。除这两个核心方面外，Wujie 微前端框架还具备以下优势：

（1）多应用可以同时在线激活，并保持这些应用的路由同步。虽然 Qiankun 也具备多应用激活的能力，但 Qiankun 的多应用激活并不与 URL 同步，实际上是在某个主应用的路由下手动加载另一个微应用。而 Wujie 可以做到一对多路由的激活，实现更灵活的同步机制。

（2）无须注册，也无须路由适配，组件装载和卸载时自动使用。这使得 Wujie 在核心体验上与 Qiankun 有显著区别。Qiankun 的核心是通过 URL 触发子应用的 import-html-entry，从而加载子应用的 HTML 单页及其所依赖的资源，实现主应用中的物理嵌入。而 Wujie 则省去了这些步骤，使得集成更加简单快捷。

（3）Wujie 通过 iframe 和 WebComponent 构建天然的 JavaScript 隔离沙箱和 CSS 隔离沙箱，同时利用 iframe 的 history 和主应用的 history，在同一个 top-level browsing context 中实现天然的路由同步机制。副作用局限于在沙箱内部，子应用切换时无须任何清理工作，减少了额外的切换成本。

（4）Wujie 通过 iframe 和 WebComponent 实现沙箱，应用接入成本极低，且减少了代码的规模，在执行性能上与原生几乎无异，唯一的开销是实例化 iframe 的过程，可以通过预加载（preload）提前实例化来优化性能。

1. Wujie 的基本实现

通过以上描述可以看出，与 Qiankun 相比，Wujie 具有不少优势：它的接入更加简便、心智成本较低，甚至在性能和规模上也表现得更加出色。那么，Wujie 是如何实现这些优势的呢？

首先，Wujie 将子应用的 JavaScript 代码注入与主应用同域的 iframe 中运行。iframe 是一个原生的 window 沙箱，内部具备完整的 history 和 location 接口。子应用实例在 iframe 中运行，其路由与主应用完全解耦，允许直接在业务组件内启动应用。通过利用 iframe 的天然沙箱能力，Wujie 以组件方式调用，并且支持一个页面同时激活多个子应用，应用切换时无须任何清理成本。

其次，Wujie 在 iframe 内部使用 history.pushState。浏览器会自动在 joint session history 中添加 iframe 的 session-history。浏览器的前进、后退操作无须任何额外处理即可直接作用于子应用。通过劫持 iframe 的 history.pushState 和 history.replaceState，Wujie 可以将子应用的 URL 同步到主应用的 query 参数上。当刷新浏览器初始化 iframe 时，Wujie 会读取子应用的 URL 并使用 iframe 的 history.replaceState 进行同步。这样一来，在 Wujie 环境下，浏览器的刷新、前进、后退操作都能作用于子应用，即使多个应用同时激活也能保持路由同步。

再次，Wujie 采用 WebComponent 实现页面的样式隔离。Wujie 创建了一个自定义元素，将子应用的完整结构渲染在内部。子应用实例在 iframe 内运行，而 DOM 则位于主应用容器下的 WebComponent 内。通过代理 iframe 的 document 到 WebComponent，Wujie 实现了两者的互联。

Wujie 将 Document 的查询类接口（如 getElementsByTagName、getElementsByClassName、getElementsByName、getElementById、querySelector、querySelectorAll、head、body 等）全部代理到 WebComponent 上，从而使子应用实例与 WebComponent 精准链接。当子应用切换时，iframe 可以保留，而子应用的容器可能被销毁，但 WebComponent 可以选择保留。这样，当应用切换回来时，可以直接将 WebComponent 重新挂载回容器上，使子应用获得类似 Vue 的 keep-alive 能力。

Wujie 通过 WebComponent 实现了天然沙箱隔离 CSS 的目的。通过 document.body 的 appendChild 或 insertBefore 方法，子应用可以直接插入 WebComponent 中，而无须进行任何改造。最后，在 iframe 同域的情况下，所有主、子应用之间天然就可以很好地进行通信。Wujie 提供了以下三种通信方式。

- props 注入机制：子应用可以通过$wujie.props 轻松获取主应用注入的数据。
- window.parent 通信机制：由于子应用 iframe 沙箱和主应用同源，子应用可以直接通过 window.parent 与主应用通信。
- 去中心化的通信机制：Wujie 提供了 EventBus 实例，注入到主应用和子应用中，使所有应用能够去中心化地进行通信。

2. Wujie 的 API 简介

Wujie 的 API 非常简单，总共大约有五六个 API。尽管每个方法的参数可能较多，但只要了解了这些 API，我们就可以掌握 Wujie 的使用方式。

1）bus

bus 是一个去中心化的事件平台，类似 Vue 的事件 API，支持链式调用。它的完整定义如下：

```
type callback = (...args: Array<any>) => any;

export declare class EventBus {
    private id;
    private eventObj;
    constructor(id: string);
    $on(event: string, fn: callback): EventBus; // 监听事件并提供回调函数
    /** 任何$emit 都会导致监听函数触发，第一个参数为事件名，后续参数为$emit 的参数 */
    $onAll(fn: (event: string, ...args: Array<any>) => any): EventBus;// 监
听所有事件并提供回调，回调函数的第一个参数是事件名
    $once(event: string, fn: callback): void;        // 一次性监听事件
    $off(event: string, fn: callback): EventBus;     // 取消事件的监听
```

```
    $offAll(fn: callback): EventBus;          // 取消监听所有事件
    $emit(event: string, ...args: Array<any>): EventBus; // 触发事件
    $clear(): EventBus;                       //  清空 EventBus 实例下所有监听的事件
}
```

通过以上代码声明，我们可以清楚地了解 bus 中各个事件的用法。bus 主要提供了事件监听、触发和清除的各类方法。当然，在使用过程中也有一些需要注意的地方，例如：

● 当子应用被销毁或重新渲染（非保活状态）时，框架会自动清空上次渲染时所有的订阅事件。

● 子应用内部组件的渲染可能会导致反复订阅（例如在 mounted 生命周期中调用 $wujie.bus.$on）。因此，用户需要在 unmount 生命周期内手动调用 $wujie.bus.$off 来取消订阅。

bus 的使用方法大致如下：

```
// 如果使用 wujie
import { bus } from "wujie";

// 如果使用 wujie-vue
import WujieVue from "wujie-vue";
const { bus } = WujieVue;

// 如果使用 wujie-react
import WujieReact from "wujie-react";
const { bus } = WujieReact;

// 主应用监听事件
bus.$on("事件名字", function (arg1, arg2, ...) {});
// 主应用发送事件
bus.$emit("事件名字", arg1, arg2, ...);
// 主应用取消事件监听
bus.$off("事件名字", function (arg1, arg2, ...) {});

// 子应用中
// 子应用监听事件
window.$wujie?.bus.$on("事件名字", function (arg1, arg2, ...) {});
// 子应用发送事件
window.$wujie?.bus.$emit("事件名字", arg1, arg2, ...);
// 子应用取消事件监听
window.$wujie?.bus.$off("事件名字", function (arg1, arg2, ...) {});
```

上述代码中，子应用通过 window.$wujie 来获取 bus 的。接下来我们看看 window.$wujie 的作用是什么。

2）$wujie

子应用中可以调用的对象只有这一个，即 Wujie 注入到子应用中的对象。可以通过$wujie
或 window.$wujie 来获取。

$wujie 的声明如下：

```
{
    bus: EventBus;
    shadowRoot?: ShadowRoot;
    props?: { [key: string]: any };
    location?: Object;
}
```

其中 bus 就是之前主应用的 bus，shadowRoot 是子应用渲染容器的虚拟 DOM，props 是主应
用注入的参数，而 location 则需要详细介绍一下：

● 由于子应用的 location.host 获取到的是主应用的 host，Wujie 提供了一个正确的
location 并将它挂载到$wujie 上。

● 当采用 Vite 编译框架时，由于 Script 的标签 type 为 module，无法采用闭包的方式
劫持 location 代理，因此子应用中所有使用 window.location.host 的代码需要统一修
改为$wujie.location.host。

● 当子应用降级时，由于 proxy 无法正常工作，导致 location 无法被代理，子应用中
所有采用 window.location.host 的代码需要统一修改为$wujie.location.host。

● 当采用非 Vite 编译框架时，proxy 代理了 window.location，因此子应用的代码无须
进行任何更改。

3）setupApp

setupApp 主要用于设置子应用的默认属性，非必需。startApp、preloadApp 会从这里获取子
应用的默认属性，如果有相同的属性，则会直接覆盖。setupApp 的完整声明如下：

```
type lifecycle = (appWindow: Window) => any;
type loadErrorHandler = (url: string, e: Error) => any;

type baseOptions = {
    /** 必须保证唯一性 */
    name: string;
    /** 需要渲染的 url */
    url: string;
    /** 需要渲染的 html，如果用户已有此内容，则无须从 url 请求 */
    html?: string;
    /** 代码替换钩子 */
    replace?: (code: string) => string;
```

```
    /** 自定义 fetch */
    fetch?: (input: RequestInfo, init?: RequestInit) => Promise<Response>;
    /** 注入给子应用的属性 */
    props?: { [key: string]: any };
    /** 自定义运行 iframe 的属性 */
    attrs?: { [key: string]: any };
    /** 自定义降级渲染 iframe 的属性 */
    degradeAttrs?: { [key: string]: any };
    /** 子应用是否采用 fiber 模式执行 */
    fiber?: boolean;
    /** 子应用保活模式，state 不会丢失 */
    alive?: boolean;
    /** 子应用是否采用降级 iframe 方案 */
    degrade?: boolean;
    /** 子应用插件 */
    plugins?: Array<plugin>;
    /** 子应用生命周期钩子 */
    beforeLoad?: lifecycle;
    beforeMount?: lifecycle;
    afterMount?: lifecycle;
    beforeUnmount?: lifecycle;
    afterUnmount?: lifecycle;
    activated?: lifecycle;
    deactivated?: lifecycle;
    loadError?: loadErrorHandler;
};
```

它的整个声明包括配置开关、属性、生命周期的声明和错误处理等部分。

4）startApp

Wujie 通过 startApp 启动子应用，异步返回一个 destroy 函数，用于销毁子应用。一般不建议用户调用 destroy，除非主应用不再需要加载该子应用。子应用被主动销毁后，下一次重新打开该子应用时可能会出现白屏（加载的延迟）。name、replace、fetch、alive 和 degrade 这 5 个参数在 preloadApp 和 startApp 中须严格保持一致，否则子应用的渲染可能会出现异常。

startApp 的参数与 setupApp 的大部分参数相同，主要多了以下几个部分：

```
    /** 渲染的容器，子应用渲染容器建议设置宽高，以避免渲染问题，在 webcomponent 元素上 Wujie
还为用户添加了 wujie_iframe 的 class，方便用户自定义样式*/
    el: HTMLElement | string;
    /** 子应用加载时的自定义 loading 元素，如果不希望显示默认加载效果，可以传入一个空元素：
document.createElement('span') */
    loading?: HTMLElement;
    /** 路由同步模式开关。设置为 false 时，刷新无效，但前进和后退操作依然有效。开启后，Wujie
会将子应用的 name 作为 url 查询参数，并实时同步子应用的路径作为该查询参数的值，这样，在分享 URL
```

或刷新浏览器时，子应用路由信息不会丢失 */

```
    sync?: boolean;
    /** 短路径功能。当子应用开启路由同步模式后，如果子应用的链接过长，可以采用短路径替换的方
式缩短同步链接 */
    prefix?: { [key: string]: string };
```

5）preloadApp

preloadApp 是 Wujie 的预加载方法。预加载可以显著提升子应用首次打开的速度，但资源的预加载会占用主应用的网络线程池，同时资源的预执行会阻塞主应用的渲染线程。

preloadApp 的参数几乎与 startApp 和 seupApp 一致，唯一多出的参数是 exec。当 exec 为 false 时，preloadApp 只会预加载子应用的资源；当 exec 为 true 时，则会预执行子应用的代码，从而大幅加快子应用的打开速度。

6）destroyApp

destroyApp 是一个主动销毁子应用的方法。承载子应用的 iframe 和 shadowRoot 都会被销毁，Wujie 实例也会被销毁，相当于所有的缓存都被清空。除非后续不再使用该子应用，否则不应主动调用此方法销毁子应用。

8.3.2　Wujie 简单实践

在了解完 Wujie 的 API 之后，我们可以开始尝试创建自己的基于 Wujie 的微前端项目。Wujie 提供了一个示例 demo，如果读者有兴趣，可以参考官方文档，这里不再详细说明。

项目的目录结构与 Qiankun 相同，包括一个 Vue 3 主应用，以及 React 18、Vue 2 和一个传统项目作为微应用。

Wujie 的官网明确指出，所有微应用都必须支持跨域。因此，首先需要修改所有微应用的跨域设置。这些设置与 Qiankun 的配置非常相似。对于传统项目，可以直接使用 cors 包来处理，处理方式与 Qiankun 中传统项目的处理方式一致，无须额外改动。

接下来，尝试按照 Qiankun 的方式接入 Wujie 的子应用。主应用的代码示例如下：

```
// router.js
import { createRouter, createWebHistory } from "vue-router";

const routes = [
    {
        path: "/",
        name: "Home",
        component: () => import(/* webpackChunkName: "home" */
"../views/home.vue"),
        children: [
```

```
                        {
                            path: "/vue2",
                            name: "vue2",
                            component: () => <div id="vue2">vue2</div>,
                        },
                        {
                            path: "/react",
                            name: "react",
                            component: () => <div id="react">react</div>,
                        },
                        {
                            path: "/tradition",
                            name: "tradition",
                            component: () => <div
id="tradition">tradition</div>,
                        },
                ],
            },
    ];

    const router = createRouter({
        history: createWebHistory(),
        routes,
    });

    export default router;
```

views/home 的代码如下：

```
<template>
    <div class="home">
            <nav>
                    <router-link to="/react">react</router-link> |
                    <router-link to="/tradition">tradition</router-link> |
                    <router-link to="/vue2">vue2</router-link>
            </nav>
            <router-view />
    </div>
</template>
<script>
    export default {
```

```
          name: "homePage",
    };
</script>
```

正如之前使用 Qiankun 的经验，笔者满怀信心地在 main.js 中对 Wujie 进行了一些配置。正如官方文档所述，这个过程既简单又便捷：

```
import { createApp } from "vue";
import App from "./App.vue";
import router from "./router";
import { setupApp, startApp } from "wujie";
setupApp({
    name: "micro-tradition",
    url: "http://localhost:3003/",
    exec: true,
    el: "#tradition",
    sync: true,
});
setupApp({
    name: "micro-vue2",
    url: "http://localhost:8081/",
    exec: true,
    el: "#vue2",
    sync: true,
});
startApp({ name: "micro-tradition" });
createApp(App).use(router).mount("#app");
```

代码很简单，只是注册了两个微应用，然后启动了一个微应用。然而，结果似乎与预期不太一致，如图 8-13 和图 8-14 所示。

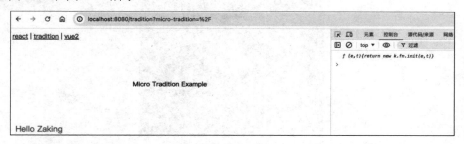

图 8-13　Wujie 载入传统项目的微应用

图 8-14　切换路由刷新页面报错

我们可以发现，结果似乎与预期不符：只有在 tradition 路由下刷新页面才能成功加载，切到其他路由再刷新就会报错，并且切回 tradition 路由时微应用也不再显示。

与预期的有些差距，这是为什么呢？

前面讲过，Wujie 可以像使用组件一样使用。换句话说，它不能通过路由的变化来触发（当然，其实通过劫持路由的逻辑来处理也是可行的）。我们可以改造一下主应用来尝试解决这个问题。

1. 引入 Wujie 后代码的最简单改造方式

首先，在主应用的 views 中增加 3 个用来承载微应用的组件，目录更改如图 8-15 所示。

图 8-15　主应用新增 Vue 文件的目录结构

每个用来承载微应用的 Vue 文件的内容都很简单，代码如下：

```
// react.vue
<template>
    <div id="react"></div>
</template>
<script>
import { startApp } from "wujie";

export default {
    name: "reactPage",
    setup() {
        startApp({ name: "micro-react" });
    },
};
</script>
// vue2.vue
<template>
    <div id="vue2"></div>
</template>
<script>
import { startApp } from "wujie";

export default {
    name: "vue2Page",
    setup() {
        startApp({ name: "micro-vue2" });
    },
};
</script>
// tradition.vue
<template>
    <div id="tradition"></div>
</template>
<script>
import { startApp } from "wujie";

export default {
    name: "traditionPage",
    setup() {
        startApp({ name: "micro-tradition" });
    },
};
</script>
```

在每个承载 Wujie 微应用的组件中，只需提供一个可挂载微应用的 DOM 元素，并执行一个启动方法即可。接下来，我们稍微修改一下路由：

```
// router/index.js
import { createRouter, createWebHistory } from "vue-router";

const routes = [
    {
        path: "/",
        name: "Home",
        component: () => import(/* webpackChunkName: "home" */
"../views/home.vue"),
        children: [
            {
                path: "/vue2",
                name: "vue2",
                component: () => import(/* webpackChunkName: "vue2"
*/ "../views/vue2.vue"),
            },
            {
                path: "/react",
                name: "react",
                component: () => import(/* webpackChunkName: "react"
*/ "../views/react.vue"),
            },
            {
                path: "/tradition",
                name: "tradition",
                component: () => import(/* webpackChunkName:
"tradition" */ "../views/tradition.vue"),
            },
        ],
    },
];

const router = createRouter({
    history: createWebHistory(),
    routes,
});

export default router;
```

只需把之前路由中的 **component** 参数替换成对应的组件引入即可。然后，启动主应用以及各个微应用，便可以尝试切换路由来查看 Wujie 加载的各个微应用，如图 8-16 所示。

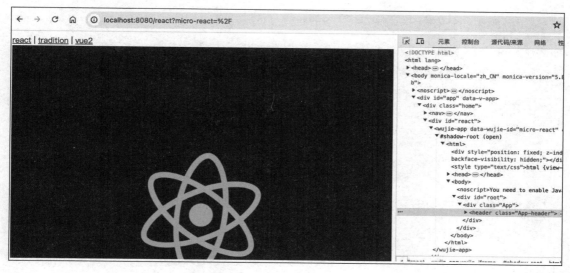

图 8-16 Wujie 接入微应用后的效果图

可以看到，在 Wujie 的环境下切换微应用时，路由的 URL 查询（query）中会带上微应用的路由地址。Wujie 正是通过这种方式在微应用中定位路由。

到目前为止，我们尚未对微应用进行改造。Wujie 对微应用的改造要求很少，唯一的硬性要求就是微应用必须支持跨域。在之前的例子中，我们已经多次展示了如何修改 React 和 Vue2 应用的跨域配置代码，这里简单重复一下：

```
//micro-vue2/vue.config.js
// const { defineConfig } = require('@vue/cli-service')
// module.exports = defineConfig({
//   transpileDependencies: true
// })

const { name } = require("./package");
module.exports = {
    devServer: {
        headers: {
            "Access-Control-Allow-Origin": "*",
        },
    },
};
// micro-react/craco.config.js
module.exports = {
    devServer: (devServerConfig) => {
        devServerConfig.headers = {
            "Access-Control-Allow-Origin": "*",
        };
```

```
        return devServerConfig;
    },
};
```

React 微应用项目还需要修改 package.json 中的启动脚本：

```
"scripts": {
    "start": "craco start",
    "build": "craco build",
    "test": "craco test",
    "eject": "react-scripts eject"
},
```

这样，整个例子最简单的改造实践就完成了。

2. Wujie 的运行模式

Wujie 提供了 3 种运行模式，分别是保活模式、单例模式和重建模式。官方提供了如图 8-17 所示的模式流程示例。

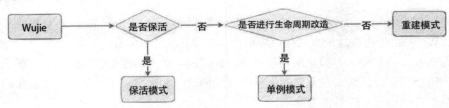

图 8-17　Wujie 官方提供的运行模式图示

在微前端框架中，子应用通常会随着主应用页面的打开和关闭而反复激活和销毁。然而，在 Wujie 微前端框架中，子应用是否保活以及是否进行生命周期改造，将导致完全不同的处理流程。

首先，当子应用的 alive 设置为 true 时，它将进入保活模式。在这种模式下，内部数据和路由状态不会随着页面切换而丢失。子应用只渲染一次，当页面切换时，承载子应用 DOM 的 WebComponent 会保留在内存中。当子应用重新激活时，Wujie 会将内存中的 WebComponent 重新挂载到容器上。在保活模式下，改变 URL 不会影响子应用的路由，需要通过通信机制来实现子应用路由的跳转。

在保活模式下，子应用实例不会销毁，即使子应用被切换出去，它仍然可以响应 bus 事件。对于非保活的子应用，一旦被切换出去，其监听的事件也会全部销毁，需要在下次重新 mount 后重新监听。

其次，如果子应用的 alive 设置为 false，并且子应用进行了生命周期改造，则会进入单例模式。在单例模式中，如果子应用页面被切换出去，会调用 window.__WUJIE_UNMOUNT 来销毁子应用当前实例。如果子应用页面切换回来，会调用 window.__WUJIE_MOUNT 来渲染子应用的新实例。改变 URL 时，子应用的路由会跳转到对应的路由。

如果主应用上有多个菜单项使用了子应用的不同页面，并且在每个页面启动子应用时将 name 设置为相同，这样可以共享一个 Wujie 实例。承载子应用 JavaScript 的 iframe 也实现了共享。不同页面的子应用 URL 可能不同，切换子应用的过程相当于：销毁当前应用实例 => 同步新路由 => 创建新应用实例。

最后，如果子应用既没有设置为保活模式，也没有进行生命周期改造，则会进入重建模式。在重建模式下，每次页面切换不仅会销毁承载子应用 DOM 的 WebComponent，还会销毁承载子应用 JavaScript 的 iframe，相应的 Wujie 实例和子应用实例都会被销毁。在重建模式下，改变 URL 会导致子应用路由跳转到对应路由。但是，在路由同步场景中，如果子应用的路由同步参数已经同步到主应用 URL 上，那么改变 URL 可能不会生效，因为改变 URL 后会导致子应用销毁并重新渲染，此时如果有同步参数，则同步参数的优先级最高。

8.3.3　小结

在经历了这么多示例和微前端框架的使用实践之后，我们发现，Wujie 框架的使用是最简单且最容易理解的。

首先，Wujie 对微应用的改造要求是最低的。除非采用单例模式，否则微应用只需满足跨域要求即可。即使在单例模式下，也只需进行简单的生命周期改造。

其次，对于主应用而言，无须关注过于复杂的配置方式。只需通过 Wujie 框架注册微应用，并在组件中启动微应用，然后就可以像使用普通组件那样来使用微应用。这使得整个接入的学习成本降到了最低。

在 Single-spa 中，我们需要自己定义资源引入和加载的逻辑，甚至可能还需要读取或设计一个配置资源的接口。在 Qiankun 中，虽然省去了配置资源的复杂步骤，但仍然需要对微应用和主应用进行较为烦琐的改造。而在 Wujie 中，这些步骤几乎都被省去了，我们只需关注注册、启动和跨域，就可以完成微应用的接入。

8.4　MicroApp

MicroApp 是京东零售推出的一款微前端框架，它基于类 WebComponent 进行渲染，从组件化的思维实现微前端，旨在降低上手难度，提升工作效率。它是目前接入微前端成本最低的框架，并且提供了 JavaScript 沙箱、样式隔离、元素隔离、预加载、虚拟路由系统、插件系统、数据通信等一系列完善的功能。

MicroApp 与技术栈无关，对前端框架没有限制，任何框架都可以作为基座应用嵌入任何类型的子应用。借用官方的原话，MicroApp 使用简单、功能强大，并且兼容所有框架。

8.4.1　MicroApp 的基本理论

Micro-app 的使用可以说是本书介绍的所有方案中最简单、最容易的。在主应用和微应用中的改造点全部加起来也就三点，这里先不介绍，等实践时再来操作。

1. MicroApp 的基本能力

MicroApp 主要以组件的方式使用，它会以一个<micro-app/>标签作为微应用承载的容器，通过该组件上的属性来实现微应用的参数配置。

它有两个核心的配置项 name 和 url，都是必需的。每一个微应用都对应着一个 name，当多个应用同时渲染时，name 不能重复，具有唯一性。当 name 的值发生变化时，会卸载当前应用并重新渲染。而 url 则必须指向微应用的 index.html，也就是单页面应用的唯一的 HTML。MicroApp 会根据 URL 地址自动补全子应用的静态资源，如 JS、CSS、图片等。当 URL 的值发生变化时，也会像 name 变化时一样，卸载当前应用并重新渲染。因此，当我们想要动态切换微应用时，要注意 name 和 url 的匹配，否则可能产生 bug。

前面提到 MicroApp 也实现了 JavaScript 沙箱，当然，大多数微前端框架实现沙箱是必然的环节，而实现 JavaScript 沙箱的方式实际上也就那几种。MicroApp 也是通过 with 或者 iframe 来实现 JS 沙箱的。默认开启的是 with 沙箱，如果想要使用 iframe 沙箱，则可以通过 iframe 参数来配置。

除这些核心内容外，MicroApp 专门对子应用提供了诸多配置，比如 inline、destroy、clear-data、ssr、keep-alive，以及与路由相关的 router-mode、baseroute、keep-route-state 等，使得我们操作和设置子应用更加方便快捷。

1）生命周期

Micro-app 支持生命周期参数，通过 CustomEvent 来定义生命周期。在组件渲染过程中，会触发相应的生命周期事件。它支持 created、beforemount、mounted、unmount、error 五个生命周期函数。在 Vue 中，可以通过如下代码来给子应用添加生命周期：

```
<template>
    <micro-app
            name="xx"
            url="xx"
            @created="created"
            @beforemount="beforemount"
            @mounted="mounted"
            @unmount="unmount"
            @error="error"
    />
</template>
```

```
<script>
export default {
    methods: {
        created() {
            console.log("micro-app 元素被创建");
        },
        beforemount() {
            console.log("即将渲染");
        },
        mounted() {
            console.log("已经渲染完成");
        },
        unmount() {
            console.log("已经卸载");
        },
        error() {
            console.log("加载出错");\
        },
    },
};
</script>
```

就像我们在 Vue 组件中添加组件事件一样，学习成本很低。需要注意的是，这个生命周期并不是由子应用定义后在主应用中读取的，而是 MicroApp 在子应用的生命周期阶段触发相应的生命周期事件，和子应用的定义完全无关。

当然，如果不想在每个子应用组件中都设置相同的生命周期监听事件，也可以在 start 方法中传入全局的监听参数：

```
import microApp from "@micro-zoe/micro-app";

microApp.start({
    lifeCycles: {
        created(e, appName) {
            console.log('子应用${appName}被创建');
        },
        beforemount(e, appName) {
            console.log('子应用${appName}即将渲染');
        },
        mounted(e, appName) {
            console.log('子应用${appName}已经渲染完成');\
        },
        unmount(e, appName) {
            console.log('子应用${appName}已经卸载');
```

```
        },
        error(e, appName) {
                console.log('子应用${appName}加载出错');
        },
    },
});
```

这样，每一个子应用的生命周期执行时都会触发对应的事件。

2）虚拟路由系统

这个知识点至关重要，读者需要认真学习。MicroApp 通过拦截浏览器的路由事件，并结合自定义的 location 和 history，构建了一套虚拟路由系统。子应用在这个虚拟路由系统中运行，与主应用的路由相互隔离，从而避免了相互之间的影响。虚拟路由系统有以下 4 种模式。

- search：默认模式，通常不需要特意设置，在 search 模式下，子应用的路由信息会作为 query 参数同步到浏览器地址上。
- native：放开路由隔离，子应用和主应用共同基于浏览器路由进行渲染，它拥有更加直观和友好的路由体验，但更容易导致主应用和子应用的路由冲突，且需要更加复杂的路由配置。
- native-scope：该模式的功能和用法与 native 模式一样，唯一不同之处在于，在 native-scope 模式下，子应用的域名指向自身而非主应用。
- pure：子应用独立于浏览器进行渲染，既不修改浏览器地址，也不增加路由堆栈，在 pure 模式下，子应用更像是一个组件。

通过 keep-router-state 配置项，我们还可以保留子应用的路由，当切换回某个子应用时，会保持切换前的路由页面。

MicroApp 还实现了父子以及兄弟项目之间的路由控制能力。主应用可以控制子应用的路由，子应用也可以控制主应用的路由，甚至子应用之间也可以相互控制路由。当然，这种控制并不是完美的，在一些特殊框架下，比如 Next.js，就无法实现控制，但我们仍可以通过应用间的通信来实现，通信的方式将在后面详细讲解。

我们可以通过以下代码来控制子应用的路由：

```
router.push({ name: '子应用名称', path: '页面地址', replace: 是否使用 replace 模式 })
```

也可以通过子应用控制子应用的路由，而子应用控制主应用的路由则需要主应用将其路由对象传递给子应用。这实际上是主应用与子应用之间的通信，代码如下：

```
// 主应用
import microApp from '@micro-zoe/micro-app'
```

```
// 注册主应用路由
microApp.router.setBaseAppRouter(主应用的路由对象)
// 子应用
// 获取主应用路由
const baseRouter = window.microApp.router.getBaseAppRouter()

// 控制主应用跳转
baseRouter.主应用路由的方法(...)
```

MicroApp 除这些核心的路由能力外，还有很多能力，比如设置默认页、获取路由信息、同步路由信息等，这里不再赘述，读者可以到官网详细了解。

3）数据通信

数据通信可以说是每个框架都必须学习和了解的核心能力。接下来，我们来看看 MicroApp 是如何在各个应用之间通信的。

MicroApp 提供了一套灵活的数据通信机制，方便主应用和子应用之间的数据传输。

主应用和子应用之间的通信是绑定的，主应用只能向指定的子应用发送数据，而子应用只能向主应用发送数据。这种方式可以有效避免数据污染，防止多个子应用之间相互影响。同时，还提供了全局通信，便于跨应用之间的数据通信。

在子应用中，有两种方式可以获取主应用的数据，一种是通过 window.microApp.getData() 来获取主应用下发的数据，另一种是通过在子应用中绑定监听函数，在数据发生变化时触发该监听函数来获取数据：

```
/**
 * 绑定监听函数，监听函数只有在数据变化时才会触发
 * dataListener: 绑定函数
 * autoTrigger: 在初次绑定监听函数时，如果有缓存数据，是否需要主动触发一次，默认为 false
 * !!!重要说明：因为子应用是异步渲染的，而主应用发送数据是同步的
 * 如果在子应用渲染结束前主应用发送数据，则在绑定监听函数前数据已经发送，在初始化后不会
触发绑定函数
 * 但这个数据会放入缓存中，此时可以设置 autoTrigger 为 true，主动触发一次监听函数来获取
数据 */
window.microApp.addDataListener(dataListener: (data: Object) => any,
autoTrigger?: boolean)// 解绑监听函数
window.microApp.removeDataListener(dataListener: (data: Object) => any)// 清
空当前子应用的所有绑定函数（全局数据函数除外）
window.microApp.clearDataListener()
```

子应用向主应用发送数据的方式如下：

```
window.microApp.dispatch({name: 'jack'})
```

dispatch 还提供了第二个参数，这是一个回调函数：

```
window.microApp.dispatch({city: 'HK'}, () => {
    console.log('数据已经发送完成')
})
```

主应用则需要通过事件来监听：

```
import microApp from '@micro-zoe/micro-app'

microApp.addDataListener('my-app', (data) => {
    console.log('来自子应用 my-app 的数据', data)\
    return '返回值 1'
})

microApp.addDataListener('my-app', (data) => {
    console.log('来自子应用 my-app 的数据', data)
    return '返回值 2'
})
```

如果主应用有返回值，则会触发子应用中 dispatch 的回调函数。

如果想要在主应用中将数据传递给子应用，则有两种方式，在 Vue 中，可以像传递 data 属性一样把数据传递给子应用：

```
<template>
  <micro-app name='my-app' url='xx' :data='dataForChild' />
</template>

<script>
export default {
    data() {
        return {
            dataForChild: { type: "发送给子应用的数据" },
        };
    },
};
</script>
```

这里的 data 只接受对象类型，数据变化时会重新发送。还有一种手动传递的方式，可以通过 setData 把数据传递给子应用：

```
import microApp from '@micro-zoe/micro-app'

// 发送数据给子应用 my-app, setData 的第二个参数只接受对象类型
microApp.setData('my-app', {type: '新的数据'})
```

在 Vue 场景下，如果我们想要在主应用中获取子应用的数据，可以通过 getData 方法直接获取：

```
import microApp from '@micro-zoe/micro-app'

const childData = microApp.getData(appName) // 返回子应用的 data 数据
```

或者，通过在 micro-app 组件上绑定自定义事件来获取：

```
<template>
    <micro-app name='my-app' url='xx' @datachange='handleDataChange' />
</template>

<script>
export default {
    methods: {
            handleDataChange(e) {
                    console.log("来自子应用的数据: ", e.detail.data);
            },
    },
};
</script>
```

在这种方式中，数据在事件对象的 detail.data 字段中，子应用每次发送数据都会触发 datachange。

最后，还可以通过 setGlobalData 和 getGlobalData 方法设置或获取全局数据。

2. MicroApp 的 API 简介

MicroApp 的 API 有很多，是目前学习的所有微前端框架中 API 最多的一个，超过四十个。其中有一些前面已经提到过，比如 setGlobalData、getGlobalData 等。下面我们仅学习一些核心 API，其他部分读者可以自行在官网查看。

1）start

MicroApp 的核心注册函数（或称为方法）全局执行一次。其他的方法可以稍后了解，但这个方法一定要理解清楚。它的使用方式很简单：

```
// index.js
import microApp from '@micro-zoe/micro-app'
microApp.start()
```

start 方法不需要任何参数，个性化的配置项都可以在子应用的<micro-app>组件容器上填写，也可以为 start 传入一个 options 参数，该配置会针对全局生效。

完整的 start 声明如下：

```
start (options?: {
tagName?: string, // 设置标签名称，默认为 micro-app
```

```
iframe?: boolean,   // 全局开启 iframe 沙箱，默认为 false
inline?: boolean,   // 全局开启内联 script 模式运行 JS，默认为 false
destroy?: boolean,  // 全局开启 destroy 模式，卸载时强制删除缓存资源，默认为 false
// shadowDOM?: boolean,        // 全局开启 shadowDOM 模式，默认为 false
ssr?: boolean,                 // 全局开启 ssr 模式，默认为 false
'disable-scopecss'?: boolean,  // 全局禁用样式隔离，默认为 false
'disable-sandbox'?: boolean,   // 全局禁用沙箱，默认为 false
'keep-alive'?: boolean,        // 全局开启保活模式，默认为 false
'disable-memory-router'?: boolean, // 全局关闭虚拟路由系统，默认为 false
'keep-router-state'?: boolean, // 子应用在卸载时保留路由状态，默认为 false
'disable-patch-request'?: boolean, // 关闭子应用请求的自动补全功能，默认为 false
'router-mode'?: string, // 设置路由模式，共 4 种：search、native、native-scope、
pure，默认为 search
iframeSrc?: string, // 设置 iframe 沙箱中 iframe 的 src 地址，默认为子应用所在页面地址
// 全局生命周期
lifeCycles?: {
    created?(e?: CustomEvent): void
    beforemount?(e?: CustomEvent): void
    mounted?(e?: CustomEvent): void
    unmount?(e?: CustomEvent): void
    error?(e?: CustomEvent): void
},
// 预加载，支持数组或函数
preFetchApps?: Array<{
    name: string,
    url: string,
    disableScopecss?: boolean,
    disableSandbox?: boolean,
    // shadowDOM?: boolean
}> | (() => Array<{
    name: string,
    url: string,
    disableScopecss?: boolean,
    disableSandbox?: boolean,
    // shadowDOM?: boolean
}>),
// 插件系统，用于处理子应用的 JS 文件
plugins?: {
    // 全局插件，作用于所有子应用的 JS 文件
    global?: Array<{
        // 可选，强隔离的全局变量(默认情况下，子应用无法找到的全局变量会兜底到主应用中，
scopeProperties 可以禁止这种情况)
        scopeProperties?: string[],
        // 可选，可以逃逸到外部的全局变量(escapeProperties 中的变量会同时赋值到子应用
```

和外部真实的 window 上)
```
            escapeProperties?: string[],
            // 可选，如果函数返回 true，则忽略 script 和 link 标签的创建
            excludeChecker?: (url: string) => Boolean
            // 可选，如果函数返回 true，则 micro-app 不会处理它，元素将原封不动地进行渲染
            ignoreChecker?: (url: string) => Boolean\
            // 可选，传递给 loader 的配置项
            options?: any,
            // 可选，JS 处理函数，必须返回 code 值
            loader?: (code: string, url: string, options: any, info:
sourceScriptInfo) => string,
            // 可选，HTML 处理函数，必须返回 code 值
            processHtml?: (code: string, url: string, options: unknown) => string
    }>
    // 子应用插件
    modules?: {
        // appName 为应用的名称，这些插件只会作用于指定的应用
        [name: string]: Array<{
            // 可选，强隔离的全局变量（默认情况下，子应用无法找到的全局变量会兜底到主应用中，
scopeProperties 可以禁止这种情况）
            scopeProperties?: string[],
            // 可选，可以逃逸到外部的全局变量（escapeProperties 中的变量会同时赋值到子应
用和外部真实的 window 上）
            escapeProperties?: string[],
            // 可选，如果函数返回 true，则忽略 script 和 link 标签的创建
            excludeChecker?: (url: string) => Boolean
            // 可选，如果函数返回 true，则 micro-app 不会处理它，元素将原封不动地进行渲染
            ignoreChecker?: (url: string) => Boolean
            // 可选，传递给 loader 的配置项
            options?: any,
            // 必填，JS 处理函数，必须返回 code 值
            loader?: (code: string, url: string, options: any, info:
sourceScriptInfo) => string,
            // 可选，HTML 处理函数，必须返回 code 值
            processHtml?: (code: string, url: string, options: unknown) => string
            }>
        }
    },
    // 重定义 fetch 方法，可以用于拦截资源请求操作
    fetch?: (url: string, options: Record<string, any>, appName: string | null)
=> Promise<string>
    // 设置全局静态资源
    globalAssets?: {
        js?: string[],   // js 地址
```

```
        css?: string[], // css 地址
    },
    // 指定部分特殊的动态加载的微应用资源（css/js）不被 micro-app 劫持处理
    excludeAssetFilter?: (assetUrl: string) => boolean
    // 基座对子应用 document 的一些属性进行自定义代理扩展
    customProxyDocumentProps?: Map<string | number | symbol, (value: unknown) =>
void>
    })
```

通过 start 方法的参数声明可以观察到，路由模式和配置参数都可以通过 start 的 options 进行设置。此外，还可以为主应用和子应用配置插件（plugins）和模块（modules）等。所有这些配置和使用方法都可以从上述声明的代码中得到初步的了解。

2）preFetch

预加载是指在浏览器空闲时间内，依照开发者传入的顺序依次加载每个应用的静态资源。preFetch 的声明如下：

```
preFetch([{
    name: string,
    url: string,
    disableScopecss?: boolean,
    disableSandbox?: boolean,
    },
])
```

可以看到，name 和 url 是必传的参数，还可以选择是否开启 JS 沙箱和 CSS 隔离。它的简单使用方法如下：

```
import { preFetch } from "@micro-zoe/micro-app";

// 方式一
preFetch([
    { name: "my-app1", url: "xxx" },
    { name: "my-app2", url: "xxx" },
]);

// 方式二
preFetch(() => [
    { name: "my-app1", url: "xxx" },
    { name: "my-app2", url: "xxx" },
]);
```

preFetch 方法可以传入一个数组或一个返回数组的函数。它会根据传入的子应用的名称和 URL 预加载所依赖的资源。

3）getActiveApps

获取正在运行的子应用，不包含已卸载和预加载的应用。它的声明如下：

```
/**
 * getActiveApps 接受一个对象作为参数，详情如下
 * @param excludeHiddenApp 是否过滤处于隐藏状态的 keep-alive 应用，默认为 false
 * @param excludePreRender 是否过滤预渲染的应用，默认为 false
 */
function getActiveApps({
  excludeHiddenApp?: boolean,
  excludePreRender?: boolean,
}): string[]
```

使用方式如下：

```
import { getActiveApps } from "@micro-zoe/micro-app";

// 获取所有正在运行的应用的名称
getActiveApps(); // [子应用 1name, 子应用 2name, ...]

// 获取所有正在运行的应用的名称，但不包括已经处于隐藏状态的 keep-alive 应用
getActiveApps({ excludeHiddenApp: true });

// 获取所有正在运行的应用的名称，但不包括预渲染应用
getActiveApps({ excludePreRender: true });
```

4）getAllApps

获取所有子应用，包含已卸载和预加载的应用。这个方法类似于 getActiveApps，只不过 getAllApps 会获取所注册的所有子应用，无论是否正在运行，也没有配置参数。

```
function getAllApps(): string[]
// 然后直接这样使用即可
import { getAllApps } from '@micro-zoe/micro-app'
getAllApps() // [子应用 name, 子应用 name, ...]
```

5）reload

重新渲染子应用。reload 的声明如下：

```
/**
 * @param appName 应用名称，必传
 * @param destroy 重新渲染时是否彻底删除缓存值，可选
 */function reload(appName: string, destroy?: boolean): Promise<boolean>
```

可以这样使用 reload 方法：

```
import microApp from "@micro-zoe/micro-app"; // 案例一：重新渲染子应用 my-app
```

```
microApp.reload("my-app").then((result) => {
    if (result) {
        console.log("重新渲染成功");
    } else {
        console.log("重新渲染失败");
    }
}); // 案例二：重新渲染子应用 my-app，并彻底删除缓存值
microApp.reload("my-app", true).then((result) => {
    if (result) {
        console.log("重新渲染成功");
    } else {
        console.log("重新渲染失败");
    }
});
```

6）renderApp

该方法用于手动渲染子应用。声明如下：

```
import { createApp } from "vue";
import App from "./App.vue";
import router from "./router";

createApp(App).use(router).mount("#app");

interface RenderAppOptions {
    name: string,                            // 应用名称，必传
    url: string,                             // 应用地址，必传
    container: string | Element,             // 应用容器或选择器，必传
    iframe?: boolean,                        // 是否切换为 iframe 沙箱，可选
    inline?: boolean,                        // 开启内联模式运行 js，可选
    'disable-scopecss'?: boolean,            // 关闭样式隔离，可选
    'disable-sandbox'?: boolean,             // 关闭沙箱，可选
    'disable-memory-router'?: boolean,       // 关闭虚拟路由系统，可选
    'default-page'?: string,                 // 指定默认渲染的页面，可选
    'keep-router-state'?: boolean,           // 保留路由状态，可选
    'disable-patch-request'?: boolean,       // 关闭子应用请求的自动补全功能，可选
    'keep-alive'?: boolean,                  // 开启 keep-alive 模式，可选
    destroy?: boolean,                       // 卸载时强制删除缓存资源，可选
    fiber?: boolean,                         // 开启 fiber 模式，可选
    baseroute?: string,                      // 设置子应用的基础路由，可选
    ssr?: boolean,                           // 开启 ssr 模式，可选
    // shadowDOM?: boolean,                  // 开启 shadowDOM，可选
    data?: Object,                           // 传递给子应用的数据，可选
    onDataChange?: Function,                 // 获取子应用发送数据的监听函数，可选
    // 注册子应用的生命周期
```

```
    lifeCycles?: {
            created(e: CustomEvent): void,          // 加载资源前触发
            beforemount(e: CustomEvent): void,// 加载资源完成后, 开始渲染之前触发
            mounted(e: CustomEvent): void,          // 子应用渲染结束后触发
            unmount(e: CustomEvent): void,          // 子应用卸载时触发
            error(e: CustomEvent): void,            // 子应用渲染出错时触发
            beforeshow(e: CustomEvent): void,       // 子应用推入前台之前触发
(keep-alive 模式特有)
            aftershow(e: CustomEvent): void,        // 子应用推入前台之后触发
(keep-alive 模式特有)
            afterhidden(e: CustomEvent): void,      // 子应用推入后台时触发
(keep-alive 模式特有)
    },
  }

  /**
   * @param options RenderAppOptions 配置项
   */
  function renderApp(options: RenderAppOptions): Promise<boolean>
```

相较于 start，renderApp 简化了插件等配置，仅允许传入部分配置项和生命周期方法。它是为手动启动子应用而设计的，因此舍弃了一些全局性的内容。我们可以这样简单使用 renderApp：

```
microApp.renderApp({
    name: "my-app",
    url: "http://localhost:3000",
    container: "#container",
    inline: true,
    data: { key: "初始化数据" };
    lifeCycles: {
            mounted() {
                    console.log("子应用已经渲染");
            },
            unmount() {
                    console.log("子应用已经卸载");
            },
    },
});
```

7）rawWindow

获取真实的 window 对象，也就是在子应用中获取主应用的 window 对象。

8）rawDocument

获取真实的 document 对象，也就是在子应用中获取主应用的 document 对象。

8.4.2 MicroApp 简易实践

我们大致梳理了一遍 MicroApp 的核心能力和基本 API，对 MicroApp 的使用有了一定的了解。现在开始使用 MicroApp 实现微前端的简单例子。

我们直接使用 Wujie 的示例代码作为基础，删除与 Wujie 有关的内容即可。删除后，主应用以 3 个组件为基础的路由，如图 8-18 所示。

图 8-18 micro-app 主应用的目录结构

3 个微应用只进行了开发环境的跨域配置。

在主应用中安装 micro-app：

```
npm i @micro-zoe/micro-app
// 或者
yarn add @micro-zoe/micro-app
// 或者
sudo yarn add @micro-zoe/micro-app
```

然后，在 **main.js** 中引入并执行 **start** 方法：

```
import microApp from '@micro-zoe/micro-app'

microApp.start()
```

最后，只需要在各个微应用的组件中增加 **micro-app** 组件容器即可：

```
// vue2.vue
<template>
    <div id="vue2">
            <micro-app name='micro-vue2'
url='http://localhost:8080/'></micro-app>
    </div>
</template>
```

```
<script>
export default {
    name: "vue2Page",
};
</script>
// react.vue
<template>
    <div id="react">
            <micro-app name="micro-react"
url="http://localhost:3000/"></micro-app>
    </div>
</template>
<script>
export default {
    name: "reactPage",
};
</script>
//tradition.vue
<template>
    <div id="tradition">
            <micro-app name="micro-tradition"
url="http://localhost:3003/"></micro-app>
    </div>
</template>
<script>
export default {
    name: "traditionPage",
};
</script>
```

这样改造之后，启动主应用以及 3 个子应用，就可以看到效果了。

可以看到，MicroApp 的接入非常简单，完整的核心改造点只有 3 个：start 启动、引入子应用组件以及子应用支持跨域的改造。相比于 Wujie 或 Qiankun，MicroApp 在简单接入的场景下可以说做到了极致，学习成本极低。

在大多数开发场景下，理论上讲，整个微前端框架下，每个应用都是在同一个域名下（特殊情况例外），因此无须过分考虑生产场景下的子应用跨域。即使真的有跨域的需要，只需在服务器配置 Nginx，我们在本地开发环境让子应用支持跨域即可。

在 MicroApp 的环境下，主应用在引入微应用时，直观感受更像是在使用一个组件，甚至比引入 elementUI 还要简单。

8.5　本章小结

本章旨在引导读者深入了解并熟悉当前微前端框架的基础理论与实践操作，以便在面临技术选型决策时能够做出更为明智的分析与判断，从而选出最适合自身项目需求的技术方案。

开篇时，首先介绍了微前端领域的关键框架——Single-spa。可以说，Single-spa 是现代微前端框架的基石，其所提供的功能与设计思路为其他微前端框架确立了基本框架与范畴。

紧接着，通过实际项目案例引入 Single-spa 框架，对之前采用的 NPM、Script 及 Fetch 等方案进行了改进与优化，从而有效降低了微前端项目开发的复杂性。

然而，在完成 Single-spa 的示例分析后，我们意识到即便借助 Single-spa，仍需应对诸多复杂环节。从实际应用的角度来看，它似乎并未达到预期的"简单"程度。正因如此，国内众多知名企业纷纷投身于研发更为"简单"、更"开箱即用"的微前端框架。

由此诞生了诸如 Qiankun、Wujie、MicroApp 等一系列生态繁荣且活跃的微前端框架。这些框架各具特色，优缺点并存。但在我们的实践案例中，MicroApp 以其极高的易用性脱颖而出，其使用方式类似于操作组件，学习难度极低，除一些受浏览器限制的功能（如跨域问题）外，几乎可以实现零成本接入。

最后，对 Qiankun、Wujie、MicroApp 等微前端框架的基本概念、API 进行了简要介绍，并通过一些简单示例展示了如何运用这些框架进行实际开发。